"创新设计思维"

数字媒体与艺术设计类新形态丛书

Photoshop CS6

图形图像处理 标准教程

微课版 第2版

互联网 + 数字艺术教育研究院 ◎ 策划

程静 王俊玲 ◎ 主编

水俊明 曹晶 ◎ 副主编

人民邮电出版社

北 京

图书在版编目（CIP）数据

Photoshop CS6图形图像处理标准教程：微课版 /
程静，王俊玲主编. -- 2版. -- 北京：人民邮电出版社，
2021.9
（"创新设计思维"数字媒体与艺术设计类新形态丛
书）
ISBN 978-7-115-56530-3

Ⅰ. ①P… Ⅱ. ①程… ②王… Ⅲ. ①图像处理软件—
教材 Ⅳ. ①TP391.413

中国版本图书馆CIP数据核字(2021)第089630号

内 容 提 要

本书全面系统地介绍了 Photoshop CS6 的基本操作方法和图形图像处理技巧，包括平面设计概述、图像处理基础知识、初始 Photoshop CS6、绘制和编辑选区、绘制图像、修饰图像、编辑图像、绘制图形和路径、调整图像的色彩和色调、图层的应用、应用文字、通道与蒙版、动作与滤镜效果和综合案例等内容。

本书将案例融入软件功能的介绍过程，力求通过课堂案例、课堂练习演练，使读者快速掌握软件的应用技巧。读者在学习了基础知识和基本操作后，通过课后习题实践，可提高实际应用能力。本书的最后一章精心安排了专业设计公司的多个精彩案例，力求通过这些案例的分析，提高读者的艺术设计创意能力。

本书适合作为高等院校数字媒体与艺术设计类专业 Photoshop 课程的教材，也可作为相关人员自学的参考书。

◆ 主　编　程　静　王俊玲

副主编　水俊明　曹　晶

责任编辑　许金霞

责任印制　王　郁　马振武

◆ 人民邮电出版社出版发行　北京市丰台区成寿寺路 11 号

邮编　100164　电子邮件　315@ptpress.com.cn

网址　https://www.ptpress.com.cn

三河市君旺印务有限公司印刷

◆ 开本：787×1092　1/16

印张：17.25　　　　　2021 年 9 月第 2 版

字数：494 千字　　　　2025 年 1 月河北第 6 次印刷

定价：59.80 元

读者服务热线：(010)81055256　印装质量热线：(010)81055316
反盗版热线：(010)81055315
广告经营许可证：京东市监广登字 20170147 号

前言 FOREWORD

编写目的

Photoshop CS6 功能强大、易学易用，深受图形图像处理爱好者和平面设计人员的喜爱。为了让读者能够快速且牢固地掌握 Photoshop CS6 的使用方法，设计出更有创意的平面设计作品，我们几位长期在本科院校从事艺术设计教学的教师与专业设计公司经验丰富的设计师合作，于 2016 年 3 月出版了本书的第 1 版，截至 2020 年年底，已有近百所院校将本书作为教材使用，并受到广大师生的好评。随着 Photoshop CS6 软件应用领域的不断扩大，我们几位编者再次合作完成本书第 2 版的编写工作。本书增加了 App 引导页、公众号首图、商品详情页等设计案例，希望通过本书能够快速提升读者的创意思维与设计能力。

内容特点

本书按照"课堂案例—软件功能解析—课堂练习—课后习题"的思路编排内容，且在本书最后一章设置了专业设计公司的 4 个精彩案例，以帮助读者综合应用所学知识。

课堂案例：精心挑选课堂案例，通过对课堂案例的详细解析，使读者快速掌握软件的基本操作，熟悉案例设计的基本思路。

软件功能解析：在对软件的基本操作有了一定的了解后，再通过对软件具体功能的详细解析，使读者系统地掌握软件各功能的应用方法。

课堂练习和课后习题：为帮助读者巩固所学知识，设置了"课堂练习"以提升读者的设计能力，还设置了难度略有提升的"课后习题"，以拓展读者的实际应用能力。

明确设计目标，
总结知识要点

精选商业案例，
素材资源丰富

拆解案例流程，
详述操作方法

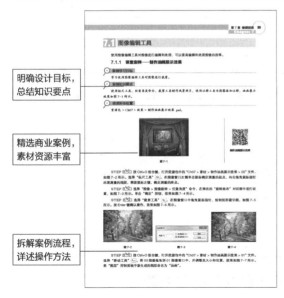

课堂边学边练，
巩固课堂所学

扫码观看实操，
熟悉操作方法

课后拓展训练，
提高应用能力

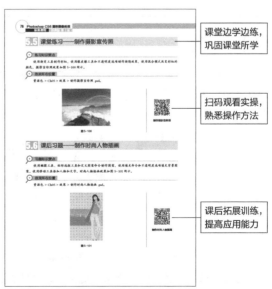

FOREWORD

学时安排

本书的参考学时为 64 学时，讲授环节为 38 学时，实训环节为 26 学时。各章的参考学时见以下学时分配表。

章	课程内容	学时分配 / 学时	
		讲授	实训
第 1 章	平面设计概述	1	
第 2 章	图像处理基础知识	1	
第 3 章	初识 Photoshop CS6	2	2
第 4 章	绘制和编辑选区	2	2
第 5 章	绘制图像	2	2
第 6 章	修饰图像	2	2
第 7 章	编辑图像	4	2
第 8 章	绘制图形和路径	4	2
第 9 章	调整图像的色彩和色调	4	2
第 10 章	图层的应用	4	2
第 11 章	应用文字	4	2
第 12 章	通道与蒙版	2	2
第 13 章	动作与滤镜效果	2	2
第 14 章	综合案例	4	4
学时总计 / 学时		38	26

资源下载

为方便读者线下学习及教学，书中所有案例的微课视频、基础素材和效果文件，以及教学大纲、PPT 课件、教学教案等资料，读者可登录人邮教育社区（www.ryjiaoyu.com），在本书页面中免费下载使用。

基础素材　　效果文件　　微课视频

PPT 课件

教学大纲　　教学教案

致　谢

本书由互联网 + 数字艺术教育研究院策划，由程静、王俊玲担任主编，水俊明、曹晶担任副主编，相关专业制作公司的设计师为本书提供了很多精彩的商业案例，在此表示感谢。

编　者
2021 年 3 月

目录 / CONTENT

CONTENT

CONTENT

CONTENT

CONTENT

CONTENT

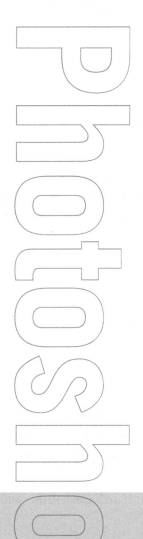

Chapter

1

第1章
平面设计概述

　　本章主要介绍平面设计的基础知识，包括平面设计的概念、平面设计的基本要素、平面设计的工作流程、平面设计的常见项目、平面设计的应用软件等内容。作为一名平面设计师，只有对平面设计的基础知识进行全面的了解和掌握，才能更好地完成平面设计的创意和设计制作任务。

课堂学习目标

- 了解平面设计的概念和基本要素
- 了解平面设计的工作流程和常见项目
- 掌握平面设计的应用软件

1.1 平面设计的概念

1922 年，美国人威廉·阿迪逊·德威金斯最早提出和使用了"平面设计（Graphic Design）"一词。20 世纪 70 年代，设计艺术得到了充分的发展，"平面设计"成为国际设计界认可的术语。

平面设计是一门与经济学、信息学、心理学和设计学等领域相关的创造性视觉艺术学科。它利用二维空间进行表现，通过图形、文字、色彩等元素的编排和设计进行视觉沟通和信息传达。平面设计主要应用于印刷或平面媒介。平面设计师可以利用专业知识和技术来进行创作。

1.2 平面设计的基本要素

平面设计作品的基本要素主要包括图形、文字及色彩，这 3 个要素组成了一幅完整的平面设计作品。每个要素在平面设计作品中都起到了举足轻重的作用，3 个要素之间的相互影响和各种不同的变化都会使平面设计作品产生丰富的视觉效果。

1.2.1 图形

通常，人们在欣赏一幅平面设计作品时，首先注意到的是图片，其次是标题，最后才是正文。如果说标题和正文作为符号化的文字会受地域和语言背景的限制，那么图形信息的传递则不受此类限制，它是一种通行于世界的"语言"，具有广泛的传播性。因此，图形创意策划的选择直接关系到平面设计作品的优劣。

图形是对整个设计内容直观的体现，它最大限度地表现了平面设计作品的主题和内涵，如图 1-1 所示。

图 1-1

1.2.2 文字

文字是一种基本的信息传递符号。在平面设计中，相对于图形而言，文字的设计也占有相当重要的地位，因为文字是体现内容传播功能最直接的形式。

在平面设计作品中，文字的字体造型和构图编排会直接影响到作品的展示效果和视觉表现力，如图 1-2 所示。

图 1-2

1.2.3　色彩

平面设计作品给人的整体感受取决于作品的整体色彩。作为平面设计作品的重要因素之一，色彩的色调与搭配受宣传主题、企业形象、推广地域等因素的共同影响。因此，在进行平面设计时，平面设计师要考虑消费者对颜色的一些固定心理感受以及相关的地域文化，如图 1-3 所示。

图 1-3

1.3　平面设计的工作流程

平面设计的工作流程是一个有明确目标、有正确理念、有负责态度、有周密计划、有清晰步骤、有具体方法的过程，好的平面设计作品都是在完整的工作流程中产生的。平面设计的工作流程具体如下。

1. 客户交流

客户提出设计项目的构想和工作要求，并提供项目相关的文本和图片资料，包括公司介绍、项目描述、基本要求等。

2. 调研需求

根据客户提出的设计构想和要求，平面设计师运用客户提供的相关文本和图片资料，对客户的设计需求进行分析，并对同行业或同类型的设计作品进行市场调研。

3. 草稿讨论

根据已经做好的分析和调研，平面设计师组织设计团队，依据客户的构想设计出项目的草稿。平面设计师带上草稿拜访客户，双方就草稿内容进行沟通讨论。就双方的讨论结果，平面设计师根据需要补充相关资料，达成设计构想上的共识。

4. 签订协议

就设计草稿达成共识后，双方确认设计的具体细节、设计报价和完成时间，并签订《设计协议书》，客户支付项目预付款，设计工作正式展开。

5. 提案讨论

设计团队根据前期的市场调研和客户需求，结合双方关于草稿讨论的意见，开始设计方案的策划、设计和制作工作。设计团队一般要完成 3 个设计方案提交给客户选择，并与客户开会讨论。客户根据提交的方案提出修改建议。

6. 修改完善

根据提案会议的讨论内容和修改意见，设计团队对客户基本满意的方案进行修改调整，进一步完善整体设计，并提交客户确认。等客户再次反馈意见后，设计团队再进行更细致的调整，完成方案的修改。

7. 验收项目

在设计项目完成后，平面设计师和客户一起对完成的设计项目进行验收，并由客户在《设计合格确认书》上签字。客户按《设计协议书》的规定支付项目余款，平面设计师将项目文件提交客户，整个项目完成。

8. 后期制作

在设计项目完成后，客户可能需要平面设计师进行设计项目的印刷、包装等后期制作工作。如果平面设计师承接了后期制作工作，就需要和客户签订详细的后期制作合同，并执行好后期制作工作，给客户提供满意的成品。

1.4 平面设计的常见项目

平面设计的常见项目可以归纳为九大类：广告设计、书籍设计、刊物设计、包装设计、网页设计、标志设计、VI 设计、UI 设计、H5 设计。

1.4.1 广告设计

现代社会中，信息传递的速度日益加快，传播方式多种多样。广告作为各种信息的传播媒介，涉及人们日常生活的方方面面，已成为社会生活中不可或缺的一部分。与此同时，广告艺术也凭借异彩纷呈的表现形式、丰富多彩的内容信息及快捷便利的传播条件，强有力地冲击着我们的视听神经。

广告的英文为 Advertisement，最早从拉丁文 Adverture 演化而来，其含义是"吸引人注意"。广告包含两方面的含义：从广义上讲，广告是指向公众通知某一件事并最终达到广而告之的目的；从狭义上讲，广告主要指营利性的广告，即广告主出于某种特定的目的，通过一定形式的媒介，耗费一定的费用，公开而广泛地向公众传递某种信息并最终从中获利的宣传手段。

广告设计是指通过图像、文字、色彩、版面、图形等视觉元素，结合广告媒介的使用特征构成的艺术表现形式，是为了传达广告目的和意图的艺术创意设计。

平面广告的类别主要包括 DM 广告（Direct Mail，又称"快讯商品广告"）、POP 广告（Point of Purchase，又称"店头陈设"）、杂志广告、报纸广告、招贴广告、网络广告和户外广告等。不同的广告设计如图 1-4 所示。

图 1-4

1.4.2 书籍设计

书籍是人类进行思想交流、知识传播、经验宣传、文化积累的重要依托，是古今中外的智慧结晶，而书籍的设计更是丰富多彩。

书籍设计（Book Design）又称书籍装帧设计，是指书籍的整体策划及造型设计。书籍的策划和设计过程包含印前、印中和印后对书籍的形态与传达效果的分析。书籍设计的内容很多，包括开本、封面、扉页、字体、版面、插图、护封、纸张、印刷、装订和材料等的设计，属于平面设计范畴。

关于书籍的分类，有许多种方法，分类的标准不同，结果也就不同。一般而言，我们按书籍涉及的内容进行分类，可分为文学艺术类、少儿动漫类、生活休闲类、人文科学类、科学技术类、经营管理类、医疗教育类等。不同的书籍设计如图 1-5 所示。

图 1-5

1.4.3 刊物设计

刊物是指经过装订、带有封面的期刊，同时刊物也是大众类印刷媒体形式之一。这种媒体形式最早出现在德国，但在当时期刊与报纸并无太大区别。随着科技的发展和生活水平的不断提高，期刊与报纸越来越不一样，其内容也更偏重于专题、质量、深度，而非时效性。

期刊的读者群体具有特定性和固定性，所以它对特定的人群更具有针对性，例如期刊可以进行专业性较强的行业信息交流。正是由于这种特点，期刊内容的传播相对比较精准。同时，因为期刊大多为月刊和半月刊，注重内容的打造，所以期刊的保存时间比报纸要长很多。

在设计期刊时，主要是参照其样本和开本进行版面划分，其艺术风格、设计元素和设计色彩都要和刊物本身的定位相呼应。因为期刊一般会选用质量较好的纸张进行印刷，所以图像的印刷质量高、还原效果好、视觉形象清晰。

期刊可分为大众类期刊、专业性期刊、行业性期刊等不同类别，具体包括财经期刊、IT 期刊、动漫期刊、家居期刊、健康期刊、教育期刊、旅游期刊、美食期刊、汽车期刊、人物期刊、时尚期刊、数码期刊等。不同的刊物设计如图 1-6 所示。

图 1-6

1.4.4　包装设计

包装设计是艺术设计与科学技术的结合，是技术、艺术、设计、材料、经济、管理、心理、市场等多种要素的综合体现，是一门综合性学科。

包装设计广义上讲是指包装的整体策划，主要包括包装方法的设计、包装材料的设计、视觉传达设计、包装机械的设计与应用、包装试验、包装成本的设计及包装的管理等。

包装设计狭义上讲是指选用适合商品的包装材料，运用巧妙的制造工艺，为商品进行的容器结构功能化设计和形象化视觉造型设计，使之具备整合容纳、保护产品、方便储运、优化形象、传达属性和促进销售等功能。

包装按商品内容分类，可以分为日用品包装、食品包装、烟酒包装、化妆品包装、医药包装、文体包装、工艺品包装、化学品包装、五金家电包装、纺织品包装、儿童玩具包装、土特产包装等。不同的包装设计如图 1-7 所示。

图 1-7

1.4.5　网页设计

网页设计是指根据网站所要表达的主旨，对网站信息整合归纳后，进行的版面编排和美化设计。通过网页设计，让网页信息更有条理，页面更具美感，从而能提高网页的信息传达和阅读效率。网页设计者要掌握平面设计的基础理论和设计技巧，熟悉网页配色、网站风格、网页制作技术等网页设计知识，创造出符合项目设计需求的艺术化和人性化网页。

根据不同的属性，网页可分为商业性网页、综合性网页、娱乐性网页、文化性网页、行业性网页、区域性网页等类型。不同的网页设计如图 1-8 所示。

图 1-8

1.4.6　标志设计

标志是具有象征意义的视觉符号，它借助图形和文字的巧妙组合，艺术地传达某种信息，表达某种特殊的含义。标志设计是指，将具体的事物和抽象的精神用特定的图形和符号表现出来，使人们在看到标志时，自然地产生联想，从而对其蕴含的精神产生认同。对于一个企业而言，标志渗透到了企业运营的各个环节，例如日常经营活动、广告宣传、对外交流、文化建设等。作为企业的无形资产，标志的价值随同企业的发展不断增加。

标志按功能分类，可以分为政府标志、机构标志、城市标志、商业标志、纪念标志、文化标志、环境标志、交通标志等。不同的标志设计如图 1-9 所示。

图 1-9

1.4.7　VI 设计

VI（Visual Identity）即视觉识别系统，是指以建立企业的理念识别为基础，将企业理念、企业使命、企业价值观和经营理念等变为具体的识别符号，并进行具象化、视觉化的传播。企业视觉识别具体指通过各种媒体将企业形象广告、标志、产品包装等有计划地传达给社会公众，树立企业整体统一的识别形象。

VI 是企业形象识别（Corporate Identity，CI）中项目最多、层面最广、效果最直接的向社会传达信息的部分，最具有传播力和感染力，也最容易被公众所接受，短期内获得的影响也最明显。公众通过 VI 可以一目了然地掌握企业的信息，产生认同感，进而达到企业识别的目的。成功的 VI 设计能使企业及其产品在市场中获得较强的竞争力。

VI 主要由两大部分组成，即基础识别部分和应用识别部分。其中，基础识别部分主要包括企业标志、标准字体与印刷专用字体、色彩系统、辅助图形、品牌角色（吉祥物）等。应用识别部分包括办公系统、标识系统、广告系统、旗帜系统、服饰系统、交通系列、展示系统等。不同的 VI 设计如图 1-10 所示。

图 1-10

1.4.8 UI 设计

UI 即 User Interface（用户界面）的简称，UI 设计是指对软件的人机交互、操作逻辑、界面外观的整体设计。

UI 设计从早期专注于工具的技法表现，到现在要求设计师参与到整个商业链条中，兼顾商业目标的达成和用户体验的改善，由此可以看出国内 UI 设计行业的发展是跨越式的，UI 设计从设计风格、技术实现到应用领域都发生了巨大的变化。

UI 设计的风格经历了由拟物化到扁平化设计的转变，现在扁平化风格依然为主流，但加入 Material Design 设计语言（材料设计语言，是由 Google 推出的全新设计语言）后，UI 设计更为醒目和细腻。

UI 设计的应用领域已由原先的 PC 端和移动端扩展到可穿戴设备、无人驾驶汽车、AI（Artificial Inlligence，人工智能）机器人等。今后，无论技术如何进步，设计风格如何转变，甚至应用领域如何不同，UI 设计师都将参与到产品研发的整个链条中，实现人性化、包容化、多元化的目标。不同的 UI 设计如图 1-11 所示。

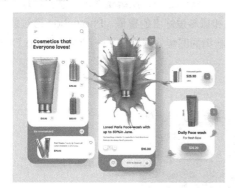

图 1-11

1.4.9　H5 设计

H5 指的是移动端上基于 HTML5 技术的交互动态网页，是移动互联网中的一种新型营销工具，能通过移动平台传播信息。

H5 具有跨平台、多媒体、强互动以及易传播的特点。H5 的应用形式多样，常见的应用途径有品牌宣传、产品展示、活动推广、知识分享、新闻热点、会议邀请、企业招聘、培训招生等。

H5 的类型包括营销宣传、知识新闻、游戏互动以及网站应用 4 类。不同的 H5 设计如图 1-12 所示。

（a）网易云音乐：你的荣格心理原型　　（b）PUPUPULA：2018 汪年全家福　　（c）我是创益人 × 腾讯广告 × 腾讯
基金会：敦煌数字修复

图 1-12

1.5　平面设计的应用软件

目前在平面设计工作中，经常使用的软件有 Photoshop、Illustrator 和 InDesign，这 3 款软件都有鲜明的功能和特色。要想根据创意制作出完美的平面设计作品，就需要熟练使用这 3 款软件，并能很好地利用不同软件的优势，将其巧妙地结合使用。

1.5.1 Photoshop

Photoshop 是 Adobe 公司出品的功能强大的图像处理软件之一，集编辑修饰、制作处理、创意编排、图像输入与输出等功能于一体，深受平面设计人员和摄影爱好者的喜爱。Photoshop 通过软件版本升级，使其功能不断完善，已经成为迄今为止世界上最畅销的图像处理软件之一。Photoshop CS6 的启动界面如图 1–13 所示。

图 1–13

Photoshop 的主要功能包括绘制和编辑选区、绘制和修饰图像、绘制图形及路径、调整图像的色彩和色调、应用图层、编辑文字、使用通道和蒙版、应用滤镜及动作等。这些功能可以很好地辅助平面设计师进行平面设计作品的创作。

Photoshop 适合完成的平面设计任务有图像抠像、图像调色、图像特效、文字特效、插图设计等。

1.5.2 Illustrator

Illustrator 是 Adobe 公司推出的专业矢量绘图工具，常用于出版、多媒体和在线图像领域。Illustrator 的应用人群主要包括印刷出版线稿的设计师和专业插画家、多媒体图像的艺术家、网页或在线内容的制作者。Illustrator CS6 的启动界面如图 1–14 所示。

图 1–14

　　Illustrator 的主要功能包括图形的绘制和编辑、路径的绘制和编辑、图像对象的组织、颜色填充与描边编辑、文本的编辑、图表的编辑、图层和蒙版的使用、混合与封套效果的使用、滤镜效果的使用、样式外观与效果的使用等。这些功能可以全面地辅助平面设计师进行设计。

　　Illustrator 适合完成的平面设计任务包括插图设计、标志设计、字体设计、图表设计、单页设计、折页设计等。

1.5.3　InDesign

　　InDesign 是由 Adobe 公司开发的专业排版设计软件，是专业的出版设计平台。它功能强大、易学易用，使用户能够通过其内置的创意工具和精确的排版控制为印刷或数字出版物设计出极具吸引力的页面，深受版式编排人员和平面设计师的喜爱，已经成为图文排版领域最流行的软件之一。InDesign CS6 的启动界面如图 1-15 所示。

图 1-15

　　InDesign 的主要功能包括绘制和编辑图形对象、绘制与编辑路径、编辑描边与填充、编辑文本、处理图像、编排版式、处理表格与图层、编排页面、编辑书籍和目录等。这些功能可以很好地辅助平面设计师进行平面设计作品的创意设计与排版制作。

　　InDesign 适合完成的平面设计任务包括图表设计、单页排版、折页排版、广告设计、报纸设计、杂志设计、书籍设计等。

Photoshop

Chapter

2

第2章
图像处理基础知识

本章主要介绍使用Photoshop CS6进行图像处理的基础知识，包括位图和矢量图、分辨率、图像的色彩模式及常用的图像文件格式等。通过本章的学习，读者可以快速掌握图像处理的相关基础知识。

课堂学习目标

- 了解位图、矢量图和分辨率
- 熟悉图像的色彩模式
- 熟悉常用的图像文件格式

Photoshop CS6

2.1 位图和矢量图

图像文件可以分为两大类：位图和矢量图。在绘图或处理图像的过程中，这两种类型的图像可以交叉使用。

2.1.1 位图

位图也称点阵图，是由许多单独的小方块组成的，这些小方块称为像素点。每个像素点都有特定的位置和颜色值，位图的显示效果与像素点的位置和颜色值是紧密联系的，不同排列和着色的像素点组合在一起构成了一幅色彩丰富的位图。像素点越多，位图的分辨率越高，相应的，位图文件包含的数据量也会越大。

一幅位图的原始效果如图 2-1 所示，使用放大工具放大后，可以清晰地看到像素点的形状与颜色，效果如图 2-2 所示。

图 2-1　　　　　　　　　　　　　　　　　　图 2-2

位图的显示效果与分辨率有关，如果在屏幕上以较大的倍数放大显示位图，或以低于创建时的分辨率打印位图，位图就会出现锯齿状的边缘，并且会丢失细节。

2.1.2 矢量图

矢量图也称向量图，它是一种基于图形的几何特性进行描绘的图像。矢量图中的各种图形元素称为对象，每一个对象都是独立的个体，都具有大小、颜色、形状和轮廓等属性。

矢量图的显示效果与分辨率无关，可以设置为任意大小，清晰度不会因分辨率的大小而改变，也不会出现锯齿状的边缘。在任何分辨率下显示或打印矢量图，都不会损失细节。一幅矢量图的原始效果如图 2-3 所示，使用放大工具放大后，其清晰度不变，效果如图 2-4 所示。

图 2-3　　　　　　　　　　　　　　　　　　图 2-4

矢量图所占的储存空间较小，但这种图像的缺点是色调不够丰富，而且无法像位图那样精确地描绘各种绚丽的景象。

2.2 分辨率

分辨率是用于描述图像文件属性的术语，分为图像分辨率、屏幕分辨率和输出分辨率，下面分别进行讲解。

2.2.1 图像分辨率

在 Photoshop CS6 中，图像中每单位长度上的像素数目称为图像的分辨率，其单位为像素/英寸（1英寸 ≈ 2.54 厘米）或像素/厘米。

在尺寸相同的两幅图像中，高分辨率的图像包含的像素比低分辨率的图像包含的像素多。例如，一幅尺寸为 1 英寸 × 1 英寸的图像，其分辨率为 72 像素/英寸，则这幅图像包含 5 184 个像素（72×72 = 5 184）。同样尺寸，分辨率为 300 像素/英寸的图像包含 90 000 个像素（300×300=90 000）。相同尺寸下，分辨率为 72 像素/英寸的图像效果如图 2-5 所示，分辨率为 10 像素/英寸的图像效果如图 2-6 所示。由此可见，在相同尺寸下，高分辨率的图像更能清晰地表现图像内容。

图 2-5   图 2-6

提示

如果一幅图像所包含的像素是固定的，那么增大图像尺寸会降低图像的分辨率。

2.2.2 屏幕分辨率

屏幕分辨率是显示器上每单位长度显示的像素数目。屏幕分辨率取决于显示器的大小及其像素设置。在 Photoshop CS6 中，图像像素被直接转换成显示器像素，当图像分辨率高于屏幕分辨率时，屏幕中显示的图像的尺寸比实际的尺寸大。

2.2.3 输出分辨率

输出分辨率是照排机或打印机等输出设备每英寸产生的油墨点数（dpi）。如果打印机的分辨率在 720 dpi 以上，可以使图像获得比较好的输出效果。

2.3 图像的色彩模式

Photoshop CS6 提供了多种色彩模式，这些色彩模式正是设计作品能够在屏幕和印刷物上成功表现的重要保障。在这些色彩模式中，经常使用到的有 CMYK 模式、RGB 模式及灰度模式。另外，还有索引模式、Lab 模式、HSB 模式、位图模式、双色调模式和多通道模式等。这些模式都可以在模式菜单下选取，每种色彩模式都有不同的色域，并且各个色彩模式之间可以相互转换。下面将介绍常用的色彩模式。

2.3.1 CMYK 模式

CMYK 代表了印刷中使用的 4 种油墨的颜色：C 代表青色，M 代表洋红色，Y 代表黄色，K 代表黑色。CMYK 颜色控制面板如图 2-7 所示。

CMYK 模式应用了色彩学中的减法混合原理，即减色色彩模式，它是图片、插图和其他设计作品最常用的一种色彩模式。因为作品在印刷时通常都要进行四色分色，出四色胶片，然后再进行印刷。

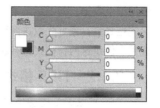

图 2-7

2.3.2 RGB 模式

与 CMYK 模式不同，RGB 模式是一种加色模式，通过红、绿、蓝 3 种色光叠加而形成更多的颜色。RGB 颜色控制面板如图 2-8 所示。一幅 24bit 的 RGB 图像有 3 个色彩信息的通道：红色（R）、绿色（G）和蓝色（B）。每个通道都有 8 bit 的色彩信息，即每个通道都有一个 0 ~ 255 的亮度值色域。也就是说，每一种色彩都有 256 个亮度等级。3 种色光相叠加，可以有 256×256×256 ≈ 1 670 万种颜色。这 1 670 万种颜色足以表现绚丽多彩的世界。

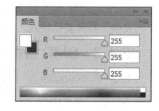

图 2-8

在 Photoshop CS6 中编辑图像时，RGB 模式是最佳的色彩样式，因为它可以提供全屏幕多达 24 bit 的色彩范围。

2.3.3 灰度模式

灰度图又叫 8 bit 深度图，图中每个像素用 8 个二进制位表示，能产生 16 级（即 256）灰色调。当一个彩色文件被转换为灰度模式文件时，所有的颜色信息都将从文件中丢失。尽管 Photoshop CS6 允许将一个灰度模式文件转换为彩色模式文件，但也不可能将原来的颜色完全还原。所以，要将图像转换为灰度模式时，应先做好图像的备份。

与黑白照片一样，灰度模式的图像只有明暗值，没有色相和饱和度这两种颜色信息，图 2-9 所示的灰度模式颜色面板中 0% 代表白，100% 代表黑，K 值用于衡量黑色油墨用量。

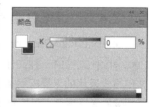

图 2-9

 提示

将彩色模式转换为双色调（Duotone）模式或位图（Bitmap）模式时，必须先转换为灰度模式，然后由灰度模式转换为双色调模式或位图模式。

2.4 常用的图像文件格式

用 Photoshop CS6 制作或处理好一幅图像后，就要进行存储。这时，选择一种合适的文件格式就显得十分重要。Photoshop CS6 有 20 多种文件格式可供选择，在这些文件格式中，既有 Photoshop CS6 的专用格式，也有用于应用程序交换的文件格式，还有一些比较特殊的格式。下面将介绍几种常用的文件格式。

2.4.1　PSD 格式和 PDD 格式

PSD 格式和 PDD 格式是 Photoshop 的专用文件格式，能够支持从线图到 CMYK 的所有图像类型，但在一些图形处理软件中不能很好地使用，所以其通用性不强。PSD 格式和 PDD 格式能够保存图像文件的细小数据，如图层、蒙版、通道等 Photoshop 对图像进行特殊处理的信息。在没有最终决定图像存储的格式前，最好先以这两种格式存储。另外，Photoshop CS6 打开和存储这两种格式的文件比其他格式快。但是这两种格式也有缺点，例如它们所存储的图像文件容量大，占用的磁盘空间较多等。

2.4.2　TIFF 格式

TIFF 格式是标签图像格式。TIFF 格式对于存储色彩通道图像来说是最合适的格式，具有很强的可移植性。以 TIFF 格式存储时应考虑到文件的大小，因为 TIFF 格式的结构要比其他格式的结构更复杂。但 TIFF 格式支持 24 个通道，能存储多于 4 个通道的图像格式。TIFF 格式还允许使用 Photoshop CS6 中的复杂工具和滤镜特效。TIFF 格式的文件非常适用于印刷和输出。

2.4.3　BMP 格式

BMP 是 Windows Bitmap 的缩写，它可以用于绝大多数 Windows 下的应用程序。BMP 格式能够存储黑白图、灰度图和 16MB 色彩的 RGB 图像等，这种格式的图像具有极为丰富的色彩。此格式一般在多媒体演示、视频输出等情况下使用，但不能在 MacOS 中使用。在存储 BMP 格式的图像文件时，还可以对其进行无损压缩，这样能够节省磁盘空间。

2.4.4　GIF 格式

GIF（Graphics Interchange Format）格式的图像文件容量比较小，是一种压缩的 8 bit 图像文件。因此，这种格式的文件加载时间较短。在网络中传送图像文件时，GIF 格式的图像文件的传输速度要比其他格式的图像文件快得多。

2.4.5　JPEG 格式

JPEG（Joint Photographic Experts Group）的意思是"联合摄影专家组"。JPEG 格式既是 Photoshop 支持的一种文件格式，也是一种压缩方案。JPEG 格式是压缩格式中的"佼佼者"。与 TIFF 文件格式采用的无损压缩相比，JPEG 的压缩比例更大，但会丢失部分文件数据。用户可以在存储前设置图像的最终质量，以控制数据的损失程度。

2.4.6　EPS 格式

EPS（Encapsulated Post Script）格式是可在 Illustrator 和 Photoshop 之间交换的文件格式。Illustrator 制作出来的流动曲线、简单图形和专业图像一般都存储为 EPS 格式，Photoshop 可以使用这种格式的文件。在 Photoshop 中，也可以把其他图形文件存储为 EPS 格式，然后在排版类的 PageMaker 和绘图类的 Illustrator 等其他软件中使用。

2.4.7　选择合适的图像文件存储格式

在实际操作中，用户可根据工作任务的需要选择合适的图像文件存储格式，下面就根据图像的不同用途给出应该选择的图像文件存储格式。

印刷：TIFF 格式、EPS 格式。

出版物：PDF 格式。

Internet 图像：GIF 格式、JPEG 格式、PNG 格式。

Photoshop CS6 工作：PSD 格式、PDD 格式、TIFF 格式。

Chapter

3

第3章
初识Photoshop CS6

本章首先对Photoshop CS6进行概述，然后介绍Photoshop CS6的功能和特色。通过本章的学习，读者可以对Photoshop CS6的功能有一个全面的了解，有助于读者应用相应的工具快速完成制作任务。

课堂学习目标

- 熟练掌握 Photoshop CS6 的基本操作
- 掌握参考线和绘图颜色的设置
- 掌握图层的基本操作

3.1 工作界面的介绍

熟悉工作界面是学习 Photoshop CS6 的基础。了解工作界面的内容，有助于用户得心应手地使用 Photoshop CS6。Photoshop CS6 的工作界面主要由菜单栏、属性栏、工具栏、控制面板和状态栏组成，如图 3-1 所示。

菜单栏
属性栏
工具栏
状态栏
控制面板

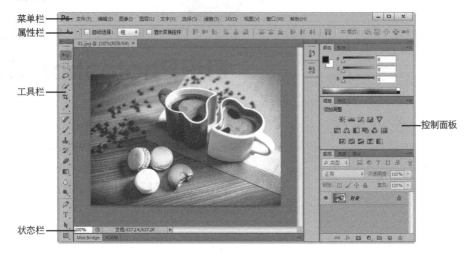

图 3-1

菜单栏：菜单栏中共包含 11 个菜单，利用其中的命令可以完成编辑图像、调整色彩和添加滤镜效果等操作。

属性栏：属性栏是工具栏中各个工具的功能扩展，在属性栏中设置不同的选项，可以快速地完成多样化的操作。

工具栏：工具栏中包含了多种工具，利用不同的工具可以完成对图像的绘制、观察和测量等操作。

控制面板：控制面板是 Photoshop CS6 的重要组成部分，利用不同的控制面板，可以完成在图像中填充颜色、设置图层和添加样式等操作。

状态栏：状态栏可以提供当前图像的显示比例、文档大小，以及当前工具和暂存盘大小等提示信息。

3.1.1 菜单栏及其快捷方式

1. 菜单分类

Photoshop CS6 的菜单栏由“文件”菜单、“编辑”菜单、“图像”菜单、“图层”菜单、“文字”菜单、“选择”菜单、“滤镜”菜单、“3D”菜单、“视图”菜单、“窗口”菜单及“帮助”菜单组成，如图 3-2 所示。

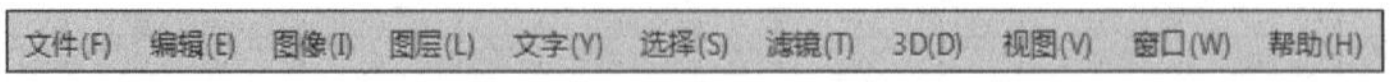
文件(F) 编辑(E) 图像(I) 图层(L) 文字(Y) 选择(S) 滤镜(T) 3D(D) 视图(V) 窗口(W) 帮助(H)

图 3-2

“文件”菜单包含了各种文件的操作命令。

“编辑”菜单包含了各种编辑文件的操作命令。

“图像”菜单包含了各种改变图像的大小、颜色等的操作命令。

“图层”菜单包含了各种调整图像中的图层的操作命令。

“文字”菜单包含了各种对文字进行编辑和调整的操作命令。

"选择"菜单包含了各种关于选区的操作命令。

"滤镜"菜单包含了各种添加滤镜效果的操作命令。

"3D"菜单包含了各种创建 3D 模型、控制框架和编辑光线的操作命令。

"视图"菜单包含了各种对视图进行设置的操作命令。

"窗口"菜单包含了各种显示或隐藏控制面板的操作命令。

"帮助"菜单提供了各种帮助信息。

2. 菜单命令的不同状态

子菜单命令：有些菜单命令包含了更多相关的子菜单命令，包含子菜单命令的菜单命令右侧会显示黑色的三角形▶，选择带有三角形的菜单命令，就会显示出其子菜单命令，如图 3-3 所示。

不可执行的菜单命令：当菜单命令不符合执行的条件时，就会显示为灰色，即不可执行状态。例如，在 CMYK 模式下，"滤镜"菜单中的部分菜单命令将变为灰色，不能使用。

可弹出对话框的菜单命令：当菜单命令右侧显示有"…"时，如图 3-4 所示，表示选择此菜单命令能够弹出相应的对话框，然后可以在对话框中进行设置。

图 3-3　　　　　　　　　　　　　　　图 3-4

3. 显示或隐藏菜单命令

用户可以根据操作需要隐藏或显示指定的菜单命令，可以将不经常使用的菜单命令暂时隐藏。选择"窗口 > 工作区 > 键盘快捷键和菜单"命令，弹出"键盘快捷键和菜单"对话框，如图 3-5 所示。

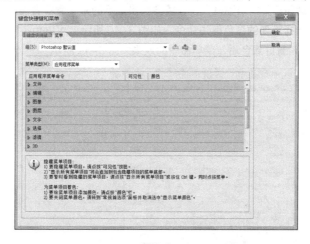

图 3-5

在"应用程序菜单命令"栏中单击菜单左侧的三角形按钮▶，可展开详细的菜单，如图 3-6 所示。单击"可见性"选项下方的眼睛图标👁，可对相对应的菜单命令进行隐藏，如图 3-7 所示。

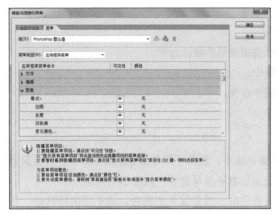 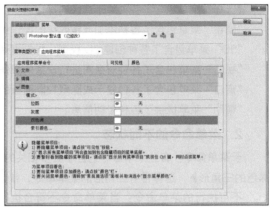

图 3-6   图 3-7

设置完成后，单击"存储对当前菜单组的所有更改"按钮📥，保存当前的设置。也可单击"根据当前菜单组创建一个新组"按钮📥，将当前的修改创建为一个新组。隐藏菜单命令前后的菜单效果如图 3-8 和图 3-9 所示。

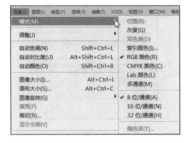 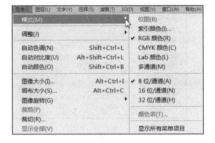

图 3-8   图 3-9

4. 突出显示菜单命令

为了突出显示需要的菜单命令，可以为其设置颜色。选择"窗口 > 工作区 > 键盘快捷键和菜单"命令，弹出"键盘快捷键和菜单"对话框，再在需要突出显示的菜单命令右侧单击"无"下拉按钮，然后在弹出的下拉列表中选择需要的颜色标注命令，如图 3-10 所示。可以为不同的菜单命令设置不同的颜色，如图 3-11 所示。设置好颜色后，菜单命令的效果如图 3-12 所示。

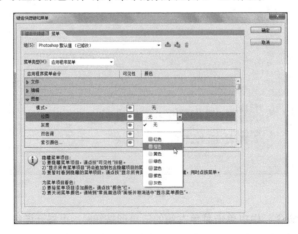

图 3-10

图 3-11　　　　　　　　　　　图 3-12

提示

如果需要取消显示菜单命令的颜色，可以选择"编辑 > 首选项 > 常规"命令，再在弹出的对话框中选择"界面"选项，然后取消勾选"显示菜单颜色"复选框即可。

5．键盘快捷方式

使用键盘快捷方式：要选择命令时，可以按菜单命令旁标注的组合键。例如，要选择"文件 > 打开"命令，直接按 Ctrl+O 组合键即可。

按住 Alt 键，按菜单栏中菜单名称右侧的括号中的字母键，可以打开相应的菜单，再按菜单中菜单命令名称右侧的括号中的字母键即可执行相应的命令。例如，要打开"选择"菜单，按 Alt+S 组合键即可将其打开，要选择该菜单中的"色彩范围"命令，再按 C 键即可。

自定义键盘快捷方式：为了更方便地使用常用的命令，Photoshop CS6 提供了自定义键盘快捷方式和保存键盘快捷方式的功能。

选择"窗口 > 工作区 > 键盘快捷键和菜单"命令，弹出"键盘快捷键和菜单"对话框，然后切换到"键盘快捷键"选项卡，如图 3-13 所示。对话框下方的信息栏说明了快捷键的设置方法，在"组"选项中可以选择需要设置快捷键的组合，在"快捷键用于"选项中可以选择需要设置快捷键的菜单或工具，在下方的选项窗口中可以选择需要设置的命令或工具，如图 3-14 所示。

图 3-13　　　　　　　　　　　图 3-14

设置新的快捷键后，单击对话框右上方的"根据当前的快捷键组创建一组新的快捷键"按钮，弹出"存储"对话框，再在"文件名"文本框中输入名称，如图 3-15 所示。单击"保存"按钮即可存储新的快捷键设置。这时，在"组"选项中即可选择新的快捷键设置，如图 3-16 所示。

图 3-15   图 3-16

更改快捷键设置后，需要单击"存储对当前快捷键组的所有更改"按钮对设置进行存储，单击"确定"按钮应用更改的快捷键设置。要将快捷键的设置删除，可以在"键盘快捷键和菜单"对话框中单击"删除当前的快捷键组合"按钮🗑，Photoshop CS6 会将其还原为默认设置。

提 示

在为控制面板或菜单中的命令定义快捷键时，这些快捷键必须包括 Ctrl 键或一个功能键，在为工具栏中的工具定义快捷键时，必须使用 A ~ Z 中的字母。

3.1.2 工具栏

Photoshop CS6 的工具栏包括选择工具、绘图工具、填充工具、编辑工具、颜色选择工具、屏幕视图工具和快速蒙版工具等，如图 3-17 所示。想要了解每个工具的具体名称，可以将鼠标指针放置在具体的工具上，此时会出现一个黄色的图标，上面会显示该工具的具体名称，如图 3-18 所示。工具名称右侧的括号中的字母代表此工具的快捷键，只要在键盘上按该字母键，就可以快速切换为该工具。

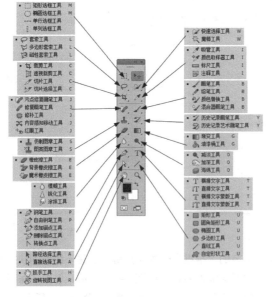

图 3-17   图 3-18

切换工具栏的显示状态：Photoshop CS6 的工具栏可以根据需要在单栏与双栏之间自由切换。当工具栏显示为双栏时，如图 3-19 所示。单击工具栏上方的双箭头按钮 ，工具栏即可转换为单栏，以节省工作空间，如图 3-20 所示。

图 3-19　　　　　　　　　　　　　　　　　图 3-20

显示隐藏工具栏：在工具栏中，部分工具图标的右下方有一个黑色的小三角 ，表示在该工具下还有隐藏的工具。在工具栏中有黑色小三角的工具图标上单击，并按住鼠标左键不放，即可显示隐藏的工具，如图 3-21 所示。将鼠标指针移动到需要的工具图标上并单击，即可选择该工具。

要想恢复工具的默认设置，可以在选择该工具后，在相应的工具属性栏中右击工具图标，在弹出的快捷菜单中选择"复位工具"命令，如图 3-22 所示。

图 3-21　　　　　　　　　　　　　　图 3-22

鼠标指针的显示状态：当选择工具栏中的工具后，鼠标指针就变为工具图标。例如，选择"裁剪"工具 ，图像窗口中的鼠标指针也随之显示为裁剪工具的图标，如图 3-23 所示；选择"画笔"工具 ，鼠标指针显示为画笔工具的对应图标，如图 3-24 所示；按 Caps Lock 键，鼠标指针转换为精确的十字形图标，如图 3-25 所示。

图 3-23　　　　　　　　　　　图 3-24　　　　　　　　　　　图 3-25

3.1.3　属性栏

选择某个工具后，会出现相应的属性栏，用户可以通过属性栏对工具进行进一步的设置。例如，选择"魔棒工具" 时，工作界面上方会出现相应的"魔棒工具" 属性栏，用户使用属性栏中的各个选项可对该工具进行进一步的设置，如图 3-26 所示。

图 3-26

3.1.4 状态栏

打开一幅图像时，图像窗口下方会显示该图像的状态栏，如图 3-27 所示。

显示比例区——100% 文档:627.9 K/627.9K ▶——图像信息区

图 3-27

状态栏左侧显示当前图像缩放显示的比例。在显示比例区的文本框中输入数值可改变图像窗口的显示比例。

状态栏的中间部分显示当前图像的文件信息，单击三角形按钮▶，在打开的菜单中可以选择显示当前图像的相关信息，如图 3-28 所示。

图 3-28

3.1.5 控制面板

控制面板是处理图像时的一个不可或缺的部分。Photoshop CS6 工作界面为用户提供了多个控制面板组。

收缩与展开控制面板：控制面板可以根据需要进行收缩和展开，控制面板的展开状态如图 3-29 所示。单击控制面板上方的双箭头按钮▶▶，可以收缩控制面板，如图 3-30 所示。如果要展开某个控制面板，直接单击其标签即可，如图 3-31 所示。

图 3-29   图 3-30   图 3-31

拆分控制面板：若需要拆分出某个控制面板，可选中该控制面板的选项卡并向工作区拖曳，如图 3-32 所示，释放鼠标该控制面板将被拆分出来，如图 3-33 所示。

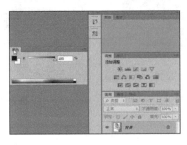
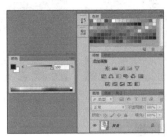

图 3-32   图 3-33

组合控制面板：用户根据需要可以将两个或多个控制面板组合到一个面板组中，这样可以节省操作的空间。选中外部控制面板的选项卡，并将其拖曳到要组合的面板组中，此时面板组周围出现蓝色的边框，如图 3-34 所示，然后释放鼠标，控制面板将被组合到面板组中，如图 3-35 所示。

控制面板弹出式菜单：单击控制面板右上方的 ▼≡ 按钮，可以打开控制面板的相关菜单，应用这些菜单可以提高控制面板的功能性，如图 3-36 所示。

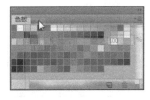

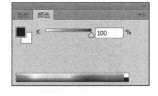

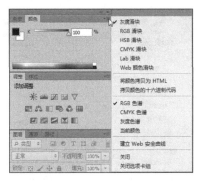

| 图 3-34 | 图 3-35 | 图 3-36 |

隐藏与显示控制面板：按 Tab 键，可以隐藏工具栏和控制面板；再次按 Tab 键，可以显示隐藏的部分。按 Shift+Tab 组合键，可以隐藏控制面板；再次按 Shift+Tab 组合键，可以显示隐藏的部分。

 提 示

按 F5 键可显示或隐藏"画笔"控制面板，按 F6 键可显示或隐藏"颜色"控制面板，按 F7 键可显示或隐藏"图层"控制面，按 F8 键可显示或隐藏"信息"控制面板，按 Alt+F9 组合键可显示或隐藏"动作"控制面板。

自定义工作区：用户可以依据操作习惯自定义工作区、存储控制面板及设置工具的排列方式，从而设计出个性化的 Photoshop CS6 工作界面。

设置完工作区后，选择"窗口 > 工作区 > 新建工作区"命令，弹出"新建工作区"对话框，如图 3-37 所示。输入工作区的名称，单击"存储"按钮，即可将自定义的工作区进行存储。

要使用自定义工作区，在"窗口 > 工作区"的子菜单中选择新保存的工作区名称即可。如果要再恢复 Photoshop CS6 默认的工作

图 3-37

区状态，选择"窗口 > 工作区 > 复位基本功能"命令即可。选择"窗口 > 工作区 > 删除工作区"命令，可以删除自定义的工作区。

3.2 文件操作

掌握文件的基本操作方法是设计和制作作品的基本要求。下面将具体介绍 Photoshop CS6 中文件的基本操作方法。

3.2.1 新建文件

新建文件是使用 Photoshop CS6 进行设计的第一步。如果要在一个空白的图像上绘图，就需要在 Photoshop CS6 中新建一个图像文件。

选择"文件 > 新建"命令，或按 Ctrl+N 组合键，弹出"新建"对话框，如图 3-38 所示。在对话框中可以设置新建图像的名称、宽度、高度、分辨率和颜色模式等，设置完成后单击"确定"按钮即可完成图像的创建，如图 3-39 所示。

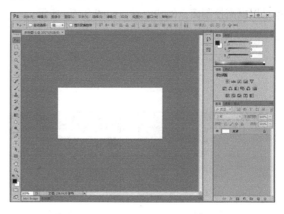

图 3-38   图 3-39

3.2.2 打开文件

如果要对图片进行编辑和处理，就要将其在 Photoshop CS6 中打开。

选择"文件 > 打开"命令，或按 Ctrl+O 组合键，弹出"打开"对话框，再在对话框中搜索路径和文件，确认文件类型和名称，如图 3-40 所示，然后单击"打开"按钮或双击文件，即可打开指定的图像文件，如图 3-41 所示。

图 3-40   图 3-41

 提示

在"打开"对话框中，也可以一次同时打开多个图像文件，只要在文件列表中将所需的几个文件同时选中，单击"打开"按钮即可。在"打开"对话框中选择文件时，按住 Ctrl 键单击，可以选中不连续的多个文件；按住 Shift 键单击，可以选中连续的多个文件。

3.2.3 保存文件

编辑和制作完图像后，就需要将其进行保存，以便再次使用。

选择"文件 > 存储"命令，或按 Ctrl+S 组合键，可以保存文件。当设计好的作品进行第一次保存时，选择"文件 > 存储"命令，将弹出"存储为"对话框，如图 3-42 所示。在对话框中输入文件名、选择文件格式后，单击"保存"按钮，即可将文件保存。

图 3-42

提示

当对已经保存过的图像文件进行各种编辑操作后，选择"存储"命令将不再弹出"存储为"对话框，Photoshop 直接保存最终确认的结果，并覆盖原始文件。

3.2.4　关闭文件

将文件保存后，可以将其关闭。选择"文件 > 关闭"命令，或按 Ctrl+W 组合键，可以关闭文件。关闭文件时，若当前文件被修改过或是新建的文件，则会弹出提示框，如图 3-43 所示，单击"是"按钮即可保存并关闭文件。

图 3-43

3.3　图像的显示效果

使用 Photoshop CS6 编辑和处理图像时，可以改变图像的显示比例，以使工作更便捷、高效。

3.3.1　100% 显示图像

100% 显示图像的效果如图 3-44 所示，在此状态下可以对图像进行精确编辑。

图 3-44

3.3.2 放大显示图像

选择"缩放工具" ，图像中的鼠标指针将变为放大工具图标，每单击一次，图像就会放大一倍。当图像以 100% 的比例显示时，在图像窗口中单击一次，图像将以 200% 的比例显示，效果如图 3-45 所示。

要放大一个指定的区域时，在需要放大的区域按住鼠标左键不放，选中的区域会进行放大显示，当放大到需要的大小后松开鼠标即可，如图 3-46 所示。在"缩放工具"属性栏中取消勾选"细微缩放"复选框，可在图像上框选出矩形选区，将选中的区域放大。

按 Ctrl++ 组合键可逐次放大图像，如图 3-47 所示，例如从 100% 的显示比例放大到 200%、300%、400%。

图 3-45

图 3-46

图 3-47

3.3.3 缩小显示图像

缩小显示图像，一方面可以用有限的屏幕空间显示出更多的图像，另一方面可以看到较大图像的全貌。

选择"缩放"工具 ，在图像中鼠标指针将变为放大工具图标，按住 Alt 键不放，指针将变为缩小工具图标。每单击一次，图像将缩小显示一级，缩小显示后的效果如图 3-48 所示。按 Ctrl+- 组合键可逐次缩小图像，如图 3-49 所示。

也可在"缩放工具"属性栏中单击"缩小"按钮 ，如图 3-50 所示，则鼠标指针变为缩小工具图标🔍，每单击一次，图像将缩小显示一级。

图 3-48　　　　　　　　　　　　　　　图 3-49

图 3-50

3.3.4　全屏显示图像

如果要将图像窗口放大到填满整个屏幕，可以在"缩放工具"的属性栏中勾选"调整窗口大小以满屏显示"复选框，再单击"适合屏幕"按钮 适合屏幕 ，如图 3-51 所示。这样在放大图像时，图像窗口就会和屏幕的尺寸相适应，效果如图 3-52 所示。单击"实际像素"按钮 实际像素 ，图像将以实际像素比例显示；单击"填充屏幕"按钮 填充屏幕 ，可以缩放图像以适合屏幕；单击"打印尺寸"按钮 打印尺寸 ，图像将以打印分辨率显示。

图 3-51

图 3-52

3.3.5　图像窗口显示

当打开多个图像文件时，会出现多个图像文件窗口，这就需要对其进行布置和摆放。

同时打开多幅图像，效果如图 3-53 所示。按 Tab 键隐藏操作界面中的工具栏和控制面板，如图 3-54 所示。

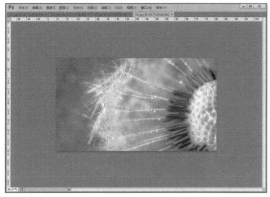

图 3-53 图 3-54

选择"窗口 > 排列 > 全部垂直拼贴"命令，图像的排列效果如图 3-55 所示。选择"窗口 > 排列 > 全部水平拼贴"命令，图像的排列效果如图 3-56 所示。

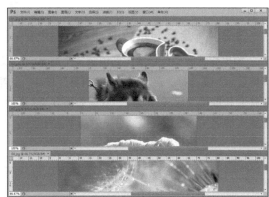

图 3-55 图 3-56

选择"窗口 > 排列 > 双联水平"命令，图像的排列效果如图 3-57 所示。选择"窗口 > 排列 > 双联垂直"命令，图像的排列效果如图 3-58 所示。

图 3-57 图 3-58

选择"窗口 > 排列 > 三联水平"命令，图像的排列效果如图 3-59 所示。选择"窗口 > 排列 > 三联垂直"命令，图像的排列效果如图 3-60 所示。

图 3-59　　　　　　　　　　　　　　　　　　　　图 3-60

　　选择"窗口 > 排列 > 三联堆积"命令，图像的排列效果如图 3-61 所示。选择"窗口 > 排列 > 四联"命令，图像的排列效果如图 3-62 所示。

图 3-61　　　　　　　　　　　　　　　　　　　　图 3-62

　　选择"窗口 > 排列 > 将所有内容合并到选项卡中"命令，图像的排列效果如图 3-63 所示。选择"窗口 > 排列 > 在窗口中浮动"命令，图像的排列效果如图 3-64 所示。

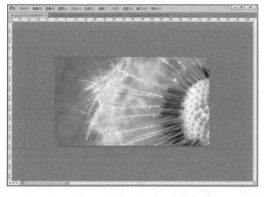

图 3-63　　　　　　　　　　　　　　　　　　　　图 3-64

　　选择"窗口 > 排列 > 使所有内容在窗口中浮动"命令，图像的排列效果如图 3-65 所示。选择"窗口 > 排列 > 层叠"命令，图像的排列效果与图 3-65 所示的效果相同。选择"窗口 > 排列 > 平铺"命令，图像的排列效果如图 3-66 所示。

 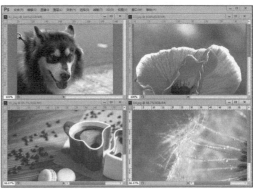

图 3-65 图 3-66

　　"匹配缩放"命令可以将所有图像窗口都调整为与当前图像窗口相同的缩放比例。如图 3-67 所示，将 04 素材图片放大到 150% 显示，再选择"窗口 > 排列 > 匹配缩放"命令，所有图像窗口都将以 150% 的比例显示，如图 3-68 所示。

 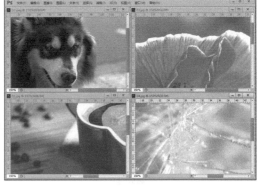

图 3-67 图 3-68

　　"匹配位置"命令可以将所有图像窗口都调整为与当前图像窗口相同的显示位置。图 3-69 所示为原始显示位置，选择"窗口 > 排列 > 匹配位置"命令，所有图像窗口将显示相同的位置，如图 3-70 所示。

图 3-69 图 3-70

　　"匹配旋转"命令可以将所有图像窗口都旋转到与当前图像窗口相同的角度。在工具栏中选择"旋转视图工具"![图标]，将 04 素材图片的视图旋转，如图 3-71 所示。选择"窗口 > 排列 > 匹配旋转"命令，所有图像窗口都将以相同的角度旋转，如图 3-72 所示。

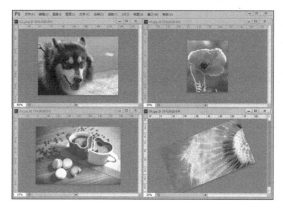 

　　　　　图 3-71　　　　　　　　　　　　　　　　图 3-72

　　"全部匹配"命令会将所有图像窗口的缩放比例、图像显示位置、视图旋转角度与当前图像窗口进行匹配。

3.3.6　观察放大图像

　　选择"抓手工具"![图标]，在图像中鼠标指针将变为![图标]图标，然后拖曳图像，可以观察图像的各个部分，效果如图 3-73 所示。直接拖曳图像周围的垂直和水平滚动条，也可观察图像的各个部分，效果如图 3-74 所示。如果正在使用其他的工具进行工作，按住空格键可以快速切换到"抓手工具"![图标]。

　　　　　图 3-73　　　　　　　　　　　　　　图 3-74

3.3.7　调整图像位置

　　使用"移动工具"可以将图层中的整幅图像或选定区域中的图像移动到指定位置。

　　在同一文件中移动图像：绘制选区后的图像如图 3-75 所示。选择"移动工具"![图标]，将鼠标指针置于选区中，指针将变为![图标]图标，按住鼠标左键拖曳选区中的图像，效果如图 3-76 所示。

　　　　　图 3-75　　　　　　　　　　　　　　图 3-76

　　在不同文件中移动图像：选择"移动工具" ▶⊕ ，将鼠标指针置于选区中，然后按住鼠标左键拖曳选区中的图像到新的文件中，如图 3-77 所示，释放鼠标左键，效果如图 3-78 所示。

图 3-77

图 3-78

3.4 标尺、参考线和网格线的设置

　　设置标尺、参考线和网格线可以使图像的处理更加精确。实际设计工作中的许多问题都需要使用标尺、参考线和网格线来解决。

3.4.1 标尺的设置

　　使用标尺可以精确地编辑和处理图像。选择"编辑 > 首选项 > 单位与标尺"命令，弹出相应的对话框，如图 3-79 所示。

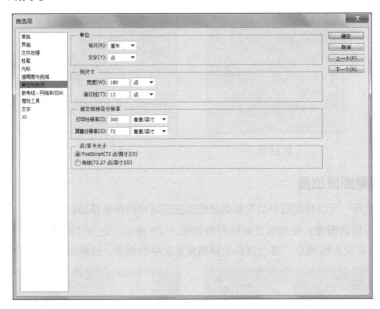

图 3-79

　　单位：用于设置标尺和文字的显示单位，有不同的显示单位供选择。

　　列尺寸：用列来精确图像的尺寸。

　　点 / 派卡大小：与图像输出有关。

　　选择"视图 > 标尺"命令，可以将标尺显示或隐藏，如图 3-80 和图 3-81 所示。

图 3-80　　　　　　　　　　图 3-81

将鼠标指针放在标尺的 x 轴和 y 轴的 0 点处，如图 3-82 所示，单击并按住鼠标左键不放，向右下方拖曳鼠标指针到适当的位置，如图 3-83 所示，释放鼠标指针，标尺的 x 轴和 y 轴的 0 点就变为鼠标指针移动后的位置，如图 3-84 所示。

图 3-82　　　　　　　　图 3-83　　　　　　　　图 3-84

3.4.2　参考线的设置

设置参考线：使用参考线可以更精确地编辑图像的位置。将鼠标指针放在水平标尺上，按住鼠标左键不放向下拖曳出水平的参考线，如图 3-85 所示；将鼠标指针放在垂直标尺上，按住鼠标左键，向右拖曳出垂直的参考线，如图 3-86 所示。

图 3-85　　　　　　　　图 3-86

显示或隐藏参考线：选择"视图 > 显示 > 参考线"命令，可以显示或隐藏参考线，此命令只有在有参考线的前提下才能选择。

移动参考线：选择"移动工具" ，将鼠标指针放在参考线上，当指针变为 图标时，按住鼠标左键拖曳即可移动参考线。

锁定、清除、新建参考线：选择"视图 > 锁定参考线"命令或按 Alt + Ctrl+；组合键，可以将参考线锁定，参考线锁定后将不能移动。选择"视图 > 清除参考线"命令，可以将参考线清除。选择"视图 > 新建参考线"命令，弹出"新建参考线"对话框，如图 3-87 所示，设定后单击"确定"按钮，

图 3-87

图像中出现新建的参考线。

3.4.3　网格线的设置

使用网格线可以将图像处理得更精准。选择"编辑 > 首选项 > 参考线、网格和切片"命令，弹出相应的对话框，如图 3-88 所示。

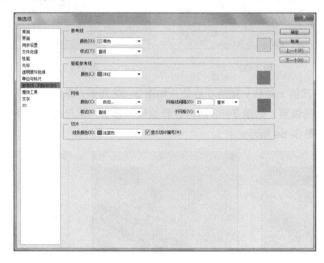

图 3-88

参考线：用于设定参考线的颜色和样式。

网格：用于设定网格的颜色、样式、网格线间隔和子网格等。

切片：用于设定切片的颜色和显示切片的编号。

选择"视图 > 显示 > 网格"命令，可以显示或隐藏网格，如图 3-89 和图 3-90 所示。

图 3-89　　　　　　　　　　图 3-90

按 Ctrl+R 组合键，可以将标尺显示或隐藏；按 Ctrl+ ；组合键，可以将参考线显示或隐藏；按 Ctrl+'
组合键，可以将网格显示或隐藏。

3.5　图像和画布尺寸的调整

根据制作过程中不同的需求，用户可以随时调整图像与画布的尺寸。

3.5.1　图像尺寸的调整

打开一幅图像，选择"图像 > 图像大小"命令，弹出"图像大小"对话框，如图 3-91 所示。

像素大小：改变"宽度"和"高度"选项的数值，可以改变图像在屏幕上显示的大小，图像的尺寸也会相应地改变。

文档大小：改变"宽度""高度"和"分辨率"选项的数值，可以改变图像文档的大小，图像的尺寸也会相应地改变。

缩放样式：勾选此复选框，若在图像编辑中添加了图层样式，在调整图像大小时可以自动缩放样式的大小。

约束比例：勾选此复选框，在"宽度"和"高度"选项右侧会出现锁链标志 🔗，表示改变其中一项设置时，另外一项会成比例地改变。

重定图像像素：不勾选此复选框，像素的数值将不能单独设置，"文档大小"选项组中的"宽度""高度"和"分辨率"选项右侧将出现锁链标志 🔗，改变其中一项数值时，另外两项会同时改变，如图 3-92 所示。

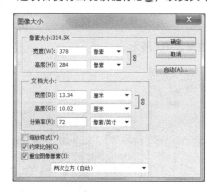 

图 3-91　　　　　　　　　　　　　　　图 3-92

在"图像大小"对话框中可以改变选项数值的计量单位，可在选项右侧的下拉列表中进行选择，如图 3-93 所示。单击"自动"按钮，弹出"自动分辨率"对话框，Photoshop 将自动调整图像的分辨率和品质效果，如图 3-94 所示。

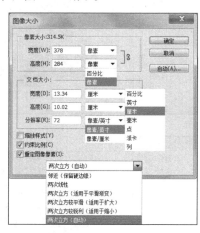 

图 3-93　　　　　　　　　　　　　　　图 3-94

3.5.2　画布尺寸的调整

图像画布尺寸的大小是指当前图像周围的工作空间的大小。选择"图像 > 画布大小"命令，弹出

"画布大小"对话框，如图 3-95 所示。

当前大小：显示当前文件的大小和尺寸。

新建大小：用于重新设定图像画布的大小。

定位：用于调整图像在新画面中的位置，可偏左、居中或在右上角等，如图 3-96 所示。

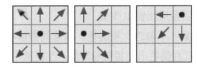

图 3-95　　　　　　　　　　　图 3-96

设置不同的位置调整方式，图像调整前后的效果如图 3-97 所示。

图 3-97

画布扩展颜色：在此选项的下拉列表中可以选择填充图像周围扩展部分的颜色。在列表中可以选择前景色、背景色或 Photoshop CS6 中的默认颜色，也可以自己选择颜色。在"画布大小"对话框中进行设置，如图 3-98 所示，单击"确定"按钮，效果如图 3-99 所示。

图 3-98　　　　　　　　　　　　　　　图 3-99

3.6　设置绘图颜色

用户在 Photoshop CS6 中可以使用"拾色器"对话框、"颜色"控制面板和"色板"控制面板对图像的色彩进行设置。

3.6.1　使用"拾色器"对话框设置颜色

单击工具栏中的前景色或背景色控制框，弹出"拾色器"对话框，在此可以选取颜色。

使用颜色滑块和颜色选择区：在色带上单击或拖曳两侧的颜色滑块，如图 3-100 所示，可以使颜色的色相产生变化。

图 3-100

在"拾色器"对话框左侧的颜色选择区中，可以设置颜色的明度和饱和度，垂直方向表示的是明度的变化，水平方向表示的是饱和度的变化。

对话框右上方的颜色框中会显示所选择的颜色，右下方是所选择颜色的 HSB 值、RGB 值、CMYK 值和 Lab 值。选择好颜色后，单击"确定"按钮，所选择的颜色将变为工具栏中的前景色或背景色。

使用颜色库按钮选择颜色：在"拾色器"对话框中单击"颜色库"按钮 **颜色库**，弹出"颜色库"对话框，如图 3-101 所示。在对话框中，"色库"下拉列表中包含一些常用的印刷颜色体系，如图 3-102 所示，其中"TRUMATCH"是为印刷设计提供服务的印刷颜色体系。

在颜色色相区域内单击或拖曳两侧的颜色滑块，可以使颜色的色相产生变化。在颜色选择区中选择带有编码的颜色，在对话框右上方的颜色框中会显示出所选择的颜色，右下方是所选择颜色的各项数值。

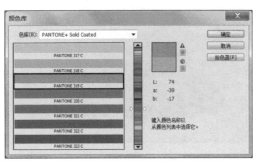

图 3-101

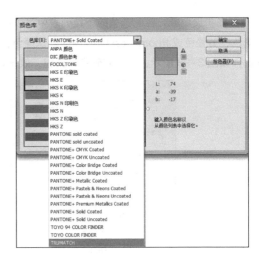

图 3-102

通过输入数值选择颜色："拾色器"对话框右下方的 HSB、RGB、CMYK、Lab 色彩模式后面都带有可以输入数值的数值框，在其中输入所需颜色的数值也可以得到相应的颜色。

勾选"拾色器"对话框左下方的"只有 Web 颜色"复选框，颜色选择区中将出现供网页使用的颜色，如图 3-103 所示，其右侧的数值框 中显示的是网页颜色的数值。

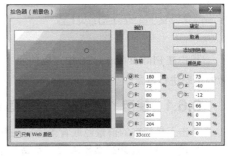

图 3-103

3.6.2 使用"颜色"控制面板设置颜色

"颜色"控制面板可以用来改变前景色和背景色。选择"窗口 > 颜色"命令，弹出"颜色"控制面板，如图 3-104 所示。

在"颜色"控制面板中，可先单击左侧设置前景色或背景色图标█来确定所调整的是前景色还是背景色，然后拖曳颜色滑块或在色带中单击选择所需的颜色，也可以直接在颜色的数值框中输入数值选择颜色。

单击"颜色"控制面板右上方的█按钮，打开菜单如图 3-105 所示，此菜单用于设定"颜色"控制面板中显示的颜色模式，可以在不同的颜色模式下调整颜色。

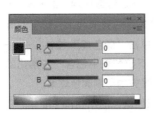

图 3-104

图 3-105

3.6.3　使用"色板"控制面板设置颜色

可以从"色板"控制面板选取一种颜色来改变前景色或背景色。选择"窗口 > 色板"命令，弹出"色板"控制面板，如图 3-106 所示。单击"色板"控制面板右上方的▼≡按钮，打开菜单如图 3-107 所示。

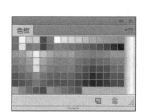

图 3-106　　　　　　　　　　　　　图 3-107

新建色板：用于新建一个色板。

小 / 大缩览图：可使控制面板以小 / 大图标的方式展示。

小 / 大列表：可使控制面板以小 / 大列表的方式展示。

预设管理器：用于对色板中的颜色进行管理。

复位色板：用于恢复控制面板的初始设置。

载入色板：用于向控制面板中增加色板文件。

存储色板：用于将当前控制面板中的色板文件保存。

存储色板以供交换：用于将当前控制面板中的色板文件保存以供交换使用。

替换色板：用于替换控制面板中现有的色板文件。

"ANPA 颜色"以下的选项都是 Photoshop 配置的颜色库。

在"色板"控制面板中，将鼠标指针移到空白处，鼠标指针将变为"油漆桶"图标，如图 3-108 所示，此时单击将弹出"色板名称"对话框，如图 3-109 所示。单击"确定"按钮即可将当前的前景色添加到"色板"控制面板中，如图 3-110 所示。

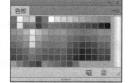

图 3-108　　　　　　　　　　图 3-109　　　　　　　　　　图 3-110

在"色板"控制面板中，将鼠标指针移到色标上，鼠标指针将变为吸管 ✐ 图标，如图 3-111 所示，此时单击将设置吸取的颜色为前景色，如图 3-112 所示。

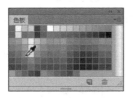

图 3-111　　　　　　　图 3-112

 提 示

在"色板"控制面板中，按住 Alt 键，将鼠标指针移到色标上，鼠标指针将变为剪刀图标 ✂，此时单击将删除当前的色标。

3.7 了解图层的含义

使用图层可在不影响其他图像元素的情况下处理某一图像元素。可以将图层想象成是一张张叠起来的硫酸纸，透过图层的透明区域可以看到下面的图层。更改图层的顺序和属性，可以改变图像的合成方式。图像效果如图 3-113 所示，其图层原理如图 3-114 所示。

图 3-113　　　　　　　图 3-114

3.7.1 "图层"控制面板

"图层"控制面板列出了图像中的所有图层、图层组和图层效果，如图 3-115 所示。在"图层"控制面板中可以搜索图层、显示或隐藏图层、创建新图层以及处理图层组，还可以在"图层"控制面板的菜单中设置其他命令和选项。

图层搜索功能：在 ◯类型 ⬥ 框中可以选择 6 种不同的图层搜索方式。类型：可以单击"像素图层"按钮 ▣、"调整图层"按钮 ◉、"文字图层"按钮 T、"形状图层"按钮 ▢ 和"智能对象"按钮 ▣ 来搜索需要的图层类型。名称：可以在其右侧的文本框中输入图层名称来搜索图层。效果：通过图层应用的图层样式来搜索图层。模式：可以通过图层设定的混合模式来搜索图层。属性：可以通过图层的可见性、锁定、链接、混合和蒙版等属性来搜索图层。

图 3-115

颜色：可以通过不同的图层颜色来搜索图层。

图层混合模式 ：用于设定图层的混合模式，共包含 27 种混合模式。

不透明度：用于设定图层的不透明度。

填充：用于设定图层的填充百分比。

眼睛图标 👁：用于显示或隐藏图层中的内容。

锁链图标 ⊖：表示图层与图层之间的链接关系。

图标 **T**：表示此图层为可编辑的文字图层。

图标 *fx*：表示为图层添加了样式。

"图层"控制面板上方有 4 个工具按钮，如图 3-116 所示。

锁定透明像素 ⊠：用于锁定当前图层中的透明区域，使透明区域不能被编辑。

锁定图像像素 ✓：使当前图层和透明区域不能被编辑。

锁定位置 ✛：使当前图层不能被移动。

锁定全部 🔒：使当前图层或序列完全被锁定。

"图层"控制面板下方有 7 个工具按钮，如图 3-117 所示。

图 3-116　　　　　　　　　　图 3-117

链接图层 ⊖：使所选图层和当前图层成为一组，当对一个链接图层进行操作时，将影响一组链接图层。

添加图层样式 *fx*.：为当前图层添加图层样式。

添加图层蒙版 ▣：在当前层上创建一个蒙版。在图层蒙版中，黑色代表隐藏图像，白色代表显示图像。可以使用画笔等绘图工具对蒙版进行绘制，还可以将蒙版转换成选区。

创建新的填充或调整图层 ◑.：可对图层进行颜色填充和效果调整。

创建新组 ▢：用于新建一个文件夹，可在其中放入图层。

创建新图层 ▢：用于在当前图层的上方创建一个新图层。

删除图层 🗑：可以将不需要的图层拖曳到此处进行删除。

图 3-118

3.7.2　"图层"菜单

单击"图层"控制面板右上方的 ▼≡ 按钮，打开菜单如图 3-118 所示。

3.7.3　新建图层

使用控制面板弹出式菜单：单击"图层"控制面板右上方的 ▼≡ 按钮，打开菜单，选择"新建图层"命令，弹出"新建图层"对话框，如图 3-119 所示。

图 3-119

名称：用于设定新图层的名称，可以勾选"使用前一图层创建剪贴蒙版"复选框。

颜色：用于设定新图层的颜色。

模式：用于设定当前图层的合成模式。

不透明度：用于设定当前图层的不透明度。

使用控制面板按钮或快捷键：单击"图层"控制面板下方的"创建新图层"按钮 回可以创建一个新图层。按住 Alt 键单击"创建新图层"按钮 回，将弹出"新建图层"对话框。

使用"图层"菜单命令或快捷键：选择"图层 > 新建 > 图层"命令，弹出"新建图层"对话框；按 Shift+Ctrl+N 组合键，也可以弹出"新建图层"对话框。

3.7.4 复制图层

使用控制面板弹出式菜单：单击"图层"控制面板右上方的 按钮打开菜单，选择"复制图层"命令，弹出"复制图层"对话框，如图 3-120 所示。

为：用于设定复制图层的名称。

文档：用于设定复制图层的文件来源。

图 3-120

使用控制面板按钮：将需要复制的图层拖曳到控制面板下方的"创建新图层"按钮 回上，可以将所选的图层复制为一个新图层。

使用菜单命令：选择"图层 > 复制图层"命令，可以弹出"复制图层"对话框。

使用拖曳的方法复制不同图像之间的图层：打开目标图像和需要复制的图像，将需要复制的图像中的图层直接拖曳到目标图像的图层中，也可以复制图层。

3.7.5 删除图层

使用控制面板弹出式菜单：单击"图层"控制面板右上方的 按钮打开菜单，选择"删除图层"命令，弹出提示对话框，如图 3-121 所示，单击"是"按钮即可删除图层。

使用控制面板按钮：选中要删除的图层，单击"图层"控制面板下方的"删除图层"按钮 即可删除图层，或将需要删除的图层直接拖曳到"删除图层"按钮 上进行删除。

图 3-121

使用菜单命令：选中要删除的图层，然后选择"图层 > 删除 > 图层"命令，即可删除图层。

3.7.6 图层的显示和隐藏

单击"图层"控制面板中任意图层左侧的眼睛图标，可以隐藏或显示该图层。

按住 Alt 键单击"图层"控制面板中的任意图层左侧的眼睛图标，此时图层控制面板中将只显示该图层，其他图层会被隐藏。

3.7.7 图层的选择、链接和排列

选择图层：单击"图层"控制面板中的任意一个图层，可以选择该图层。

选择"移动"工具，右击窗口中的图像，将打开供选择的图层选项菜单，选择所需要的图层即可。将鼠标指针靠近需要的图像进行以上操作，即可选择这个图像所在的图层。

链接图层：当要同时对多个图层中的图像进行操作时，可以将多个图层进行链接，以提高工作效率。选择要链接的图层，如图 3-122 所示，单击"图层"控制面板下方的"链接图层"按钮 ，选中的图层被链接，如图 3-123 所示，再次单击"链接图层"按钮 可取消链接。

排列图层：单击"图层"控制面板中的任意图层并按住鼠标左键不放，拖曳鼠标指针可将其调整到其他图层的上方或下方。选择"图层 > 排列"命令，打开"排列"命令的子菜单，选择其中的排列方式

也可以排列图层。

图 3-122　　　　　　　　　　图 3-123

 提 示

按 Ctrl+ [组合键，可以将当前图层向下移动一层；按 Ctrl+] 组合键，可以将当前图层向上移动一层；
按 Shift+Ctrl+ [组合键，可以将当前图层移动到除了背景图层以外的所有图层的下方；按 Shift +Ctrl+]
组合键，可以将当前图层移动到所有图层的上方。背景图层不能随意移动，但可以将其转换为普通图层
后再移动。

3.7.8　合并图层

"向下合并"命令用于向下合并图层。单击"图层"控制面板右上方的▼≡按钮，在打开的菜单中选
择"向下合并"命令，或按 Ctrl+E 组合键即可。

"合并可见图层"命令用于合并所有可见图层。单击"图层"控制面板右上方的▼≡按钮，在打开的
菜单中选择"合并可见图层"命令，或按 Shift+Ctrl+E 组合键即可。

"拼合图像"命令用于合并所有的图层。单击"图层"控制面板右上方的▼≡按钮，在打开的菜单中
选择"拼合图像"命令即可。

3.7.9　图层组

当编辑多层图像时，为了方便操作，可以将多个图层放在一个图层组中。单击"图层"控制面板右
上方的▼≡按钮，在打开的菜单中选择"新建组"命令，弹出"新建组"对话框，单击"确定"按钮，新
建一个图层组，如图 3-124 所示。选择要放置到组中的多个图层，如图 3-125 所示，将其拖曳到图层
组中即可，如图 3-126 所示。

图 3-124　　　　　　　　图 3-125　　　　　　　　图 3-126

提 示

单击"图层"控制面板下方的"创建新组"按钮 ▢ ，可以新建图层组；选择"图层 > 新建 > 组"命令，也可以新建图层组；还可以选中要放置在图层组中的所有图层，然后按 *Ctrl+G* 组合键，自动生成新的图层组。

3.8 恢复操作的应用

在绘制和编辑图像的过程中，用户经常会错误地执行一个步骤或对制作的效果不满意，这时就可以使用恢复操作命令，将当前图像恢复到前一步或原来的效果。

3.8.1 恢复到上一步的操作

在编辑图像的过程中可以随时返回到上一步操作，也可以还原图像到恢复前的效果。选择"编辑 > 还原"命令，或按 Ctrl+Z 组合键，则可以恢复到图像的上一步操作。如果想还原图像到恢复前的效果，再按 Ctrl+Z 组合键即可。

3.8.2 中断操作

用户在 Photoshop CS6 中处理图像时，如果想中断这次的操作，可以按 Esc 键。

3.8.3 恢复到操作过程的任意步骤

通过"历史记录"控制面板可以将进行过多次处理的图像恢复到任意一步操作时的状态，即所谓的"多次恢复功能"。选择"窗口 > 历史记录"命令，弹出"历史记录"控制面板，如图 3-127 所示。

控制面板下方的按钮从左至右依次为"从当前状态创建新文档"按钮 ⊞ 、"创建新快照"按钮 ◙ 和"删除当前状态"按钮 🗑 。

单击控制面板右上方的 ▾☰ 按钮，打开菜单，如图 3-128 所示。

图 3-127

图 3-128

前进一步：用于选择前一步操作。

后退一步：用于选择后一步操作。

新建快照：用于根据当前选择的操作记录建立新的快照。

删除：用于删除控制面板中选择的操作记录。

清除历史记录：用于清除控制面板中除最后一条记录外的所有记录。

新建文档：用于由当前状态或者快照建立新的文件。

历史记录选项：用于设置"历史记录"控制面板。

"关闭"和"关闭选项卡组"：分别用于关闭"历史记录"控制面板和控制面板所在的选项卡组。

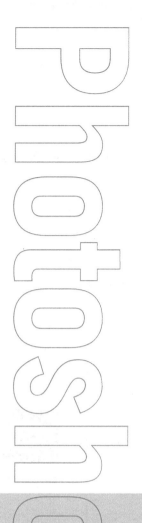

Chapter

4

第4章
绘制和编辑选区

本章主要介绍Photoshop CS6中绘制选区的方法以及编辑选区的技巧。通过本章的学习，读者可以快速地绘制选区，并掌握选区的移动、反选、羽化等操作。

课堂学习目标

- 熟练掌握选择工具的使用方法
- 熟练掌握选区的操作技巧

4.1 选择工具的使用

对图像进行编辑，首先要进行选择图像的操作。快捷、精准地选择图像是提高图像处理效率的关键。

4.1.1 课堂案例——制作风景插画

⊕ **案例学习目标**

学习使用不同的选择工具选择具有不同外形的图像，并应用移动工具将其合成为一张图像。

⊕ **案例知识要点**

使用磁性套索工具抠出热气球，使用多边形套索工具抠出房子，风景插画效果如图 4-1 所示。

⊕ **效果所在位置**

资源包 > Ch04 > 效果 > 制作风景插画 .psd。

制作风景插画

图 4-1

STEP 1 按 Ctrl+O 组合键，打开资源包中的"Ch04 > 素材 > 制作风景插画 > 01、02"文件，如图 4-2 和图 4-3 所示。选择"磁性套索工具" 🔲，在热气球图像的边缘单击，根据热气球的形状拖曳鼠标指针，绘制一个封闭路径，路径将自动转换为选区，如图 4-4 所示。

图 4-2

图 4-3

图 4-4

STEP 2 单击属性栏中的"从选区减去"按钮 🔲，在图像中减去不需要的部分，如图 4-5 所示。选择"移动工具" ▶＋，将选区中的图像拖曳到 01 图像窗口中，效果如图 4-6 所示。将"图层"控制面板中新生成的图层命名为"气球"，如图 4-7 所示。

STEP 3 按 Ctrl+O 组合键，打开资源包中的"Ch04 > 素材 > 制作风景插画 > 03"文件。选择"多边形套索工具" 🔲，在房子图像的边缘单击并拖曳鼠标指针将房子图像抠出，如图 4-8 所示。选择"移动工具" ▶＋，拖曳选区中的图像到 01 图像窗口的右下方，效果如图 4-9 所示，将"图层"控制面板中新生成的图层命名为"房子"，如图 4-10 所示。

图 4-5

图 4-6

图 4-7

图 4-8

图 4-9

图 4-10

STEP 将"房子"图层拖曳到"图层"控制面板下方的"创建新图层"按钮 上进行复制，生成"房子 副本"图层，如图 4-11 所示。选择"移动工具" ，拖曳复制的房子图像到适当的位置并调整其大小，效果如图 4-12 所示。使用相同的方法制作"房子 副本 2"图层，效果如图 4-13 所示。风景插画制作完成。

图 4-11

图 4-12

图 4-13

4.1.2 选框工具

"矩形选框工具"可以在图像或图层中绘制矩形选区。

选择"矩形选框工具" ，或按 Shift+M 组合键切换，其属性栏状态如图 4-14 所示。

图 4-14

新选区 ：去除旧选区，绘制新选区。

添加到选区 ：在原有选区中增加新的选区。

从选区减去 ：在原有选区中减去新选区的部分。

与选区交叉 ：选择新旧选区重叠的部分。

羽化：用于设定选区边缘的羽化程度。

消除锯齿：用于清除选区边缘的锯齿。

样式：用于选择类型。

绘制矩形选区：选择"矩形选框工具"□，在图像中适当的位置单击并按住鼠标左键不放，向右下方拖曳鼠标指针绘制选区，松开鼠标，矩形选区绘制完成，如图 4-15 所示。按住 Shift 键，在图像中可以绘制出正方形选区，如图 4-16 所示。

图 4-15 图 4-16

设置矩形选区的比例：在"矩形选框工具"□的属性栏中，选择"样式"选项下拉列表中的"固定比例"，再将"宽度"选项设为 2，"高度"选项设为 4，如图 4-17 所示。在图像中绘制固定比例的选区，效果如图 4-18 所示。单击"高度和宽度互换"按钮 ⇄，可以快速地互换宽度和高度的数值，宽度和高度的数值互换后绘制的选区效果如图 4-19 所示。

图 4-17

图 4-18 图 4-19

设置固定尺寸的矩形选区：在"矩形选框工具"□的属性栏中，选择"样式"选项下拉列表中的"固定大小"，再设置"宽度"和"高度"选项的数值，单位只能是像素，如图 4-20 所示。绘制固定大小的选区，效果如图 4-21 所示。单击"高度和宽度互换"按钮 ⇄，可以快速地互换宽度和高度的数值，宽度和高度的数值互换后绘制的选区效果如图 4-22 所示。

图 4-20

图 4-21 图 4-22

因为"椭圆选框工具"的应用方法与"矩形选框工具"的应用方法基本相同,所以这里不再赘述。

4.1.3　套索工具

"套索工具"可以在图像或图层中绘制不规则形状的选区,选取不规则形状的图像。

选择"套索工具" ,或按 Shift+L 组合键切换,其属性栏状态如图 4-23 所示。

图 4-23

 :选择方式选项。

羽化:用于设定选区边缘的羽化程度。

消除锯齿:用于清除选区边缘的锯齿。

选择"套索工具" ,在图像中适当的位置单击并按住鼠标左键不放,拖曳鼠标指针在图像上进行绘制,如图 4-24 所示,松开鼠标,选择的区域将自动生成选区,效果如图 4-25 所示。

图 4-24　　　　　　　　　　图 4-25

4.1.4　魔棒工具

"魔棒工具"可以用来选取图像中的某一点,并将与这一点颜色相同或相近的点自动融入选区中。

选择"魔棒工具" ,或按 Shift+W 组合键切换,其属性栏状态如图 4-26 所示。

图 4-26

 :选择方式选项。

取样大小:用于设置取样范围的大小。

容差:用于控制选取色彩的范围,数值越大,可容许的颜色范围越大。

消除锯齿:用于清除选区边缘的锯齿。

连续:用于选择单独的色彩范围。

对所有图层取样:用于将所有可见图层中颜色容许范围内的色彩加入选区。

选择"魔棒工具" ,在图像中单击需要选择的颜色区域,即可得到需要的选区,如图 4-27 所示。调整属性栏中的容差值,再次单击需要选择的区域,即可生成范围不同的选区,在更大的容差值下生成的选区效果如图 4-28 所示。

图 4-27   图 4-28

4.2 选区的操作技巧

建立选区后，可以对选区进行一系列的操作，如移动选区、调整选区、羽化选区等。

4.2.1 课堂案例——合成空中楼阁

案例学习目标

学习使用不同的选择工具和选区操作技巧来选择和编辑图像，并应用移动工具将其合成为一张图像。

案例知识要点

使用磁性套索工具抠出建筑物和云彩图像，使用魔棒工具抠出山脉图像，使用矩形选框工具和渐变工具添加山脉图像的颜色，使用收缩和羽化命令制作云彩图像的虚化效果，空中楼阁效果如图 4-29 所示。

效果所在位置

资源包 > Ch04 > 效果 > 合成空中楼阁 .psd。

合成空中楼阁

图 4-29

STEP 1 按 Ctrl+O 组合键，打开资源包中的"Ch04 > 素材 > 合成空中楼阁 > 01、02"文件，如图 4-30 所示。选择"多边形套索工具"，在 02 图像中沿着建筑物的边缘绘制选区，如图 4-31 所示。

图 4-30   图 4-31

STEP ⬛2 选择"移动工具" ▶⊕，将选区中的图像拖曳到 01 图像窗口中适当的位置，如图 4-32 所示。按 Ctrl+T 组合键，图像周围出现变换框，按住 Shift 键向外拖曳变换框右上角的控制手柄以等比例放大图片，按 Enter 键确认操作，效果如图 4-33 所示。将"图层"控制面板中新生成的图层命名为"楼阁"，如图 4-34 所示。

图 4-32　　　　　　　　　图 4-33　　　　　　　　　图 4-34

STEP ⬛3 按 Ctrl+O 组合键，打开资源包中的"Ch04 > 素材 > 合成空中楼阁 > 03"文件。选择"磁性套索工具" ，在图像窗口中沿着云朵边缘绘制选区，如图 4-35 所示。选择"选择 > 修改 > 收缩"命令，在弹出的对话框中进行设置，如图 4-36 所示，单击"确定"按钮收缩选区。

图 4-35　　　　　　　　　　　　图 4-36

STEP ⬛4 选择"选择 > 修改 > 羽化"命令，在弹出的对话框中进行设置，如图 4-37 所示，单击"确定"按钮羽化选区。按 Ctrl+J 组合键复制选区内的图像，如图 4-38 所示。单击"背景"图层左侧的眼睛图标 👁 隐藏图层，如图 4-39 所示。

图 4-37　　　　　　　　　图 4-38　　　　　　　　　图 4-39

STEP ⬛5 按 Ctrl+ + 组合键放大图像，如图 4-40 所示。按 Ctrl+L 组合键，在弹出的"色阶"对话框中进行设置，如图 4-41 所示。单击"确定"按钮，效果如图 4-42 所示。

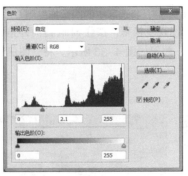

图 4-40   图 4-41   图 4-42

STEP 6 单击"背景"图层左侧的空白图标 显示图层，选中该图层，如图 4-43 所示。选择"磁性套索工具" ，在图像窗口中沿着云朵边缘绘制选区，如图 4-44 所示。收缩并羽化选区后，复制选区中的图像，并隐藏其他图层，效果如图 4-45 所示。

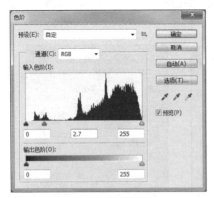

图 4-43   图 4-44   图 4-45

STEP 7 按 Ctrl+L 组合键，在弹出的"色阶"对话框中进行设置，如图 4-46 所示，单击"确定"按钮，效果如图 4-47 所示。用相同的方法制作另一朵云朵图像，效果如图 4-48 所示。

STEP 8 选择"移动工具" ，将选择出的云朵图像拖曳到图像窗口中适当的位置，并调整其大小，效果如图 4-49 所示，在"图层"控制面板中新生成的图层分别命名为"云朵""云朵 2""云朵 3"。选择"云朵 2"图层，按住 Alt 键在图像窗口中将其拖曳到适当的位置，复制图像，效果如图 4-50 所示。

图 4-46   图 4-47   图 4-48

STEP 9 按 Ctrl+O 组合键，打开资源包中的"Ch04 > 素材 > 合成空中楼阁 > 04"文件，如图 4-51 所示。选择"魔棒工具" ，单击属性栏中的"添加到选区"按钮 ，在图像窗口中多次单击生成选区，如图 4-52 所示。

图 4-49　　　　　　　　　　　图 4-50

图 4-51　　　　　　　　　　　图 4-52

STEP 10 按 Shift+Ctrl+I 组合键反选选区，如图 4-53 所示。单击"图层"控制面板下方的
"添加图层蒙版"按钮 为图层添加蒙版，如图 4-54 所示，图像效果如图 4-55 所示。

图 4-53　　　　　　　　　　图 4-54　　　　　　　　　　图 4-55

STEP 11 选择"移动工具" ，将山峰图像拖曳到 01 图像窗口中适当的位置并调整其大
小，效果如图 4-56 所示，将"图层"控制面板中新生成的图层命名为"山峰"。

STEP 12 新建图层并将其命名为"渐变"。选择"矩形选框工具" ，在图像窗口下方
绘制矩形选区，如图 4-57 所示。选择"渐变工具" ，在选区中从上向下拖曳添加渐变色，效果如
图 4-58 所示。按 Ctrl+D 组合键取消选择选区。

图 4-56　　　　　　　　　　图 4-57　　　　　　　　　　图 4-58

STEP 13 在"图层"控制面板上方，将该图层的混合模式设为"正片叠底"，将"不透明度"
设为 80%，如图 4-59 所示。按 Enter 键确认操作，效果如图 4-60 所示。

STEP 14 按 Ctrl+O 组合键,打开资源包中的"Ch04 > 素材 > 合成空中楼阁 > 05"文件。选择"移动工具" ，将文字图像拖曳到 01 图像窗口中适当的位置并调整其大小,效果如图 4-61 所示,将"图层"控制面板中新生成的图层命名为"文字",空中楼阁合成完成。

图 4-59   图 4-60   图 4-61

4.2.2 移动选区

使用鼠标移动选区:选择绘制选区的工具,将鼠标指针放在选区中,鼠标指针将变为 图标,如图 4-62 所示。按住鼠标左键进行拖曳,鼠标指针将变为 图标,将选区移动到其他位置,如图 4-63 所示。松开鼠标即可完成选区的移动,效果如图 4-64 所示。

图 4-62   图 4-63   图 4-64

使用键盘移动选区:使用"矩形选框工具"和"椭圆选框工具"绘制完选区时,不要松开鼠标,按住空格键拖曳即可移动选区。绘制出选区后,使用键盘中的方向键可以将选区沿各方向移动 1 个像素,使用 Shift+ 方向键组合键可以将选区沿各方向移动 10 个像素。

4.2.3 羽化选区

羽化选区可以使图像产生柔和的效果。在图像中绘制圆形选区,如图 4-65 所示,再选择"选择 > 修改 > 羽化"命令,弹出"羽化选区"对话框,设置羽化半径的数值,如图 4-66 所示,单击"确定"按钮,选区被羽化。按 Shift+Ctrl+I 组合键反选选区,如图 4-67 所示。

图 4-65   图 4-66   图 4-67

在选区中填充颜色，效果如图 4-68 所示。也可以在绘制选区前在属性栏中直接输入羽化的数值，如图 4-69 所示，此时绘制的选区将自动成为带有羽化边缘的选区。

图 4-68

图 4-69

4.2.4　取消选择选区

可以选择"选择 > 取消选择"命令，或按 Ctrl+D 组合键取消选择选区。

4.2.5　全选和反选选区

全选是指将图像中的所有像素全部选取。选择"选择 > 全部"命令，或按 Ctrl+A 组合键，即可全选图像，效果如图 4-70 所示。

选择"选择 > 反向"命令，或按 Shift+Ctrl+I 组合键，可以对当前的选区进行反向选取，其前后效果分别如图 4-71 和图 4-72 所示。

图 4-70

图 4-71

图 4-72

4.3　课堂练习——制作沙滩插画

➕ 练习知识要点

使用套索工具和磁性套索工具抠出图像，使用移动工具移动素材图像，沙滩插画效果如图 4-73 所示。

➕ 效果所在位置

资源包 > Ch04 > 效果 > 制作沙滩插画 .psd。

图 4-73

制作沙滩插画

4.4 课后习题——制作儿童成长照片模板

⊕ 习题知识要点

使用移动工具添加素材图片和装饰图形，使用套索工具和羽化命令制作背景融合效果，使用椭圆选框工具、羽化命令和反选命令制作照片，儿童成长照片模板效果如图 4-74 所示。

⊕ 效果所在位置

资源包 > Ch04 > 效果 > 制作儿童成长照片模板 .psd。

图 4-74

制作儿童成长
照片模板

Photoshop

Photoshop CS6

Chapter

5

第5章
绘制图像

本章主要介绍Photoshop CS6中绘图工具以及填充工具的使用技巧。通过本章的学习，读者可以用绘图工具绘制出丰富多彩的图像，并能用填充工具制作多种填充效果。

课堂学习目标

- 掌握绘图工具和历史记录画笔工具的使用方法
- 掌握渐变工具和油漆桶工具的操作方法
- 掌握填充工具和描边命令的使用方法

5.1 绘图工具的使用

使用绘图工具是绘画和编辑图像的基础。"画笔工具"可以绘制出各种图像效果，"铅笔工具"可以绘制出各种硬边效果的图像。

5.1.1 课堂案例——制作儿童书籍宣传插画

案例学习目标

学习使用定义画笔预设命令定义出画笔效果，并应用移动工具及画笔工具将其合成一幅装饰图像。

案例知识要点

使用定义画笔预设命令和画笔工具制作漂亮的画笔效果，儿童书籍宣传插画效果如图 5-1 所示。

效果所在位置

资源包 > Ch05 > 效果 > 制作儿童书籍宣传插画 .psd。

制作儿童书籍
宣传插画

图 5-1

STEP 1 按 Ctrl+O 组合键，打开资源包中的"Ch05 > 素材 > 绘制卡通插画 > 01、02"文件。选择"移动工具"，将 02 图片拖曳到 01 图像窗口中适当的位置，效果如图 5-2 所示。

STEP 2 选中"02"文件，如图 5-3 所示。选择"编辑 > 定义画笔预设"命令，弹出"画笔名称"对话框，在"名称"选项的文本框中输入"热气球"，如图 5-4 所示，单击"确定"按钮，将热气球图像定义为画笔。

图 5-2   图 5-3   图 5-4

STEP 3 单击"图层"控制面板下方的"创建新图层"按钮，然后将新生成的图层命名为"热气球 02"。将前景色设为紫色（其 R、G、B 值分别为 185、143、255）。选择"画笔工具"，在属性栏中单击"画笔"选项右侧的下拉按钮，弹出"画笔预设"选取器，选择定义好的热气球形状画笔，如图 5-5 所示。将"主直径"选项设为 150px，单击"启用喷枪样式的建立效果"按钮，如图 5-6 所示。

图 5-5

图 5-6

STEP 04 按 [和] 键可调整画笔大小，在图像窗口中单击并按住鼠标左键较长时间，绘制一个颜色较深的图形（绘制时按住鼠标左键的时间不同会使画笔图像产生深浅不同的效果），如图 5-7 所示。使用相同的方法制作其他热气球，效果如图 5-8 所示。

图 5-7

图 5-8

STEP 05 在"图层"控制面板上方，将"热气球 02"图层的混合模式设为"正片叠底"，如图 5-9 所示，图像效果如图 5-10 所示。儿童书籍宣传插画制作完成。

图 5-9

图 5-10

5.1.2　画笔工具

选择"画笔工具" ，或按 Shift+B 组合键切换，其属性栏如图 5-11 所示。

图 5-11

画笔预设：用于选择预设的画笔。

模式：用于选择绘画颜色与现有像素的混合模式。

不透明度：可以设定画笔颜色的不透明度。

流量：用于设定喷笔压力，压力越大，喷色越浓。

启用喷枪样式的建立效果 ：可以启用喷枪功能。

绘图板压力控制大小 ：使用压感笔压力可以覆盖"画笔"面板中的"不透明度"和"大小"的设置。

使用画笔工具：选择"画笔工具" ，在属性栏中设置画笔，如图 5-12 所示。在属性栏中单击"画笔"选项右侧的下拉按钮 ，弹出图 5-13 所示的"画笔预设"选取器，在其中可以选择画笔形状。

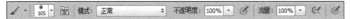

图 5-12   图 5-13

拖曳"大小"选项下方的滑块或直接输入数值，可以设置画笔的大小。如果选择的画笔是基于样本的，将显示"恢复到原始大小"按钮 ，单击此按钮可以使画笔的大小恢复到初始的大小。

单击"画笔预设"选取器右上方的设置按钮 ，在打开的下拉菜单中选择"描边缩览图"命令，如图 5-14 所示，其显示效果如图 5-15 所示。

   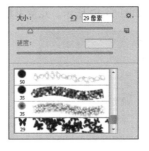

图 5-14   图 5-15

新建画笔预设：用于建立新画笔。

重命名画笔：用于重新命名画笔。

删除画笔：用于删除当前选中的画笔。

仅文本：以文字描述的方式展示画笔。

小 / 大缩览图：以小 / 大图标的方式展示画笔。

小 / 大列表：以小 / 大文字和图标列表的方式展示画笔。

描边缩览图：以笔画的方式展示画笔。

预设管理器：用于在弹出的"预置管理器"对话框中编辑画笔。

复位画笔：用于恢复画笔的默认状态。

载入画笔：用于将存储的画笔载入选取器。

存储画笔：用于将当前的画笔进行存储。

替换画笔：用于载入新画笔并替换当前画笔。

在"画笔预设"选取器中单击"从此画笔创建新的预设"按钮 ，弹出图 5-16 所示的"画笔名称"对话框，输入名称为"Butterfly 1"，单击"确定"按钮。再单击属性栏中的"切换画笔面板"按钮，弹出图 5-17 所示的"画笔"控制面板。

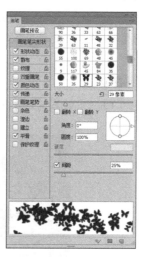

图 5-16　　　　　　　　　　　　　　　　图 5-17

5.1.3　铅笔工具

选择"铅笔工具" ，或按 Shift+B 组合键切换，其属性栏如图 5-18 所示。

图 5-18

画笔预设：用于选择预设的画笔。

模式：用于选择混合模式。

不透明度：用于设定不透明度。

自动抹除：用于自动判断绘画时的起始点颜色，如果起始点颜色为背景色，则"铅笔工具"将以前景色绘制，反之如果起始点颜色为前景色，则"铅笔工具"会以背景色绘制。

使用铅笔工具：选择"铅笔工具" ，在其属性栏中选择笔触大小，勾选"自动抹除"复选框，如图 5-19 所示。此时绘制的效果与单击处的起始点颜色有关，当单击的起始点像素与前景色相同时，"铅笔工具" 将发挥"橡皮擦工具" 的功能，用背景色绘图；如果单击处的起始点颜色不是前景色，绘图时仍然会保持以前景色绘制。

图 5-19

5.2 应用历史记录画笔工具

"历史记录画笔工具"主要用于将图像恢复到某一历史状态，以形成特殊的图像效果。

5.2.1 课堂案例——制作汽车浮雕画

🔍 **案例学习目标**

学会使用历史记录艺术画笔工具、调色命令和滤镜命令制作油画效果。

🔍 **案例知识要点**

使用新建快照命令、不透明度选项和历史记录艺术画笔工具制作油画效果，使用去色、色相/饱和度命令调整图片的颜色，使用混合模式选项和浮雕效果命令为图片添加浮雕效果，汽车浮雕画效果如图 5-20 所示。

🔍 **效果所在位置**

资源包 > Ch05 > 效果 > 制作汽车浮雕画 .psd。

图 5-20

制作汽车浮雕画

1. 制作背景图像

STEP 🖱️**1** 按 Ctrl+O 组合键，打开资源包中的"Ch05 > 素材 > 制作汽车浮雕画 > 01"文件，如图 5-21 所示。选择"窗口 > 历史记录"命令，弹出"历史记录"控制面板，单击面板右上方的▼☰按钮，在打开的菜单中选择"新建快照"命令，弹出"新建快照"对话框，如图 5-22 所示，单击"确定"按钮。

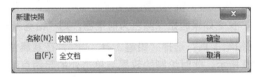

图 5-21   图 5-22

STEP 🖱️**2** 新建图层并将其命名为"黑色填充"。将前景色设为黑色，按 Alt+Delete 组合键用前景色填充图层。在"图层"控制面板上方，将"黑色填充"图层的"不透明度"设为 80%，如图 5-23 所示。按 Enter 键确认操作，图像效果如图 5-24 所示。

STEP 🖱️**3** 新建图层并将其命名为"画笔"。选择"历史记录艺术画笔工具" 🖌️，在属性栏中单击"画笔"选项右侧的下拉按钮▾，弹出"画笔预设"选取器，单击面板右上方的设置按钮 ⚙▾，在打开的菜单中选择"干介质画笔"选项，弹出提示对话框，单击"追加"按钮。在"画笔预设"选取器中选择需要的画笔形状，将"大小"选项设为 36 像素，如图 5-25 所示，属性栏的设置如图 5-26 所示。在图像窗口中拖曳鼠标指针绘制图形，效果如图 5-27 所示。

图 5-23

图 5-24

图 5-25

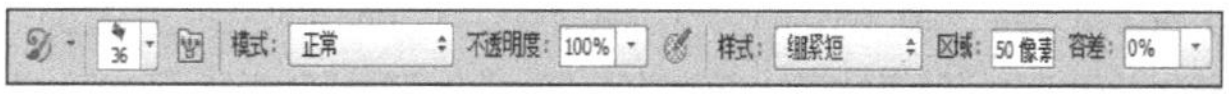

图 5-26

图 5-27

STEP 🔟 单击 "黑色填充" 图层和 "背景" 图层左侧的眼睛图标 ◉，将其隐藏，观看绘制的情况，如图 5-28 所示。拖曳鼠标指针进行涂抹，直到笔刷铺满图像窗口，显示出隐藏的图层，效果如图 5-29 所示。

图 5-28

图 5-29

2. 调整图片颜色

STEP 🔟 选择 "图像 > 调整 > 色相 / 饱和度" 命令，在弹出的对话框中进行设置，如图 5-30 所示。单击 "确定" 按钮，效果如图 5-31 所示。

图 5-30

图 5-31

STEP 02 将"画笔"图层拖曳到"图层"控制面板下方的"创建新图层"按钮![按钮]上进行复制，生成新的图层"画笔 副本"。选择"图像 > 调整 > 去色"命令去除图像颜色，效果如图 5-32 所示。

STEP 03 在"图层"控制面板上方，将"画笔 副本"图层的"混合模式"设为"叠加"，图像效果如图 5-33 所示。

图 5-32   图 5-33

STEP 04 选择"滤镜 > 风格化 > 浮雕效果"命令，在弹出的对话框中进行设置，如图 5-34 所示。单击"确定"按钮，效果如图 5-35 所示。

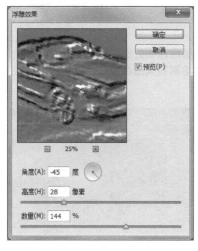

图 5-34   图 5-35

STEP 05 选择"横排文字工具"![T]，在图像窗口中输入文字并选取文字，在属性栏中选择合适的字体并设置大小，效果如图 5-36 所示，在"图层"控制面板中生成了新的文字图层。选择"滤镜 > 风格化 > 浮雕效果"命令，弹出提示对话框，如图 5-37 所示，单击"确定"按钮。在弹出的对话框中进行设置，如图 5-38 所示。单击"确定"按钮，效果如图 5-39 所示。汽车浮雕画制作完成。

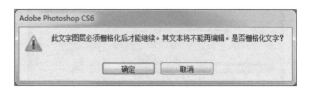

图 5-36   图 5-37

图 5-38　　　　　　　　　　　　　　　图 5-39

5.2.2　历史记录画笔工具

"历史记录画笔工具"是与"历史记录"控制面板结合起来使用的，主要用于将图像恢复到某一历史状态，以形成特殊的图像效果。

打开一张图片，如图 5-40 所示，为图片添加滤镜效果，如图 5-41 所示，此时的"历史记录"控制面板如图 5-42 所示。

 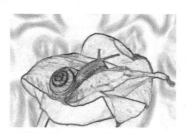 

图 5-40　　　　　　　　　　图 5-41　　　　　　　　　　图 5-42

选择"椭圆选框工具" ，在属性栏中将"羽化"选项设为 50，在图像上绘制一个椭圆形选区，如图 5-43 所示。选择"历史记录画笔工具" ，在"历史记录"控制面板中单击"打开"步骤左侧的方框，设置历史记录画笔的源，显示出 图标，如图 5-44 所示。

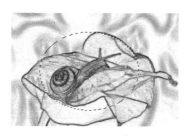 

图 5-43　　　　　　　　　　图 5-44

用"历史记录画笔工具" 在选区中涂抹，如图 5-45 所示。取消选择选区后，效果如图 5-46 所示。此时的"历史记录"控制面板如图 5-47 所示。

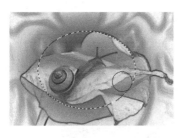 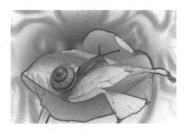 

图 5-45 图 5-46 图 5-47

5.2.3 历史记录艺术画笔工具

"历史记录艺术画笔工具"和"历史记录画笔工具"的用法基本相同，区别在于使用"历史记录艺术画笔工具"绘图可以产生艺术效果。选择"历史记录艺术画笔工具" ，其属性栏如图 5-48 所示。

图 5-48

样式：用于选择艺术笔触。

区域：用于设置画笔绘制时所覆盖的像素范围。

容差：用于设置画笔绘制时的间隔时间。

打开一张图片，如图 5-49 所示，用颜色填充图像，效果如图 5-50 所示，此时的"历史记录"控制面板如图 5-51 所示。

图 5-49 图 5-50 图 5-51

在"历史记录"控制面板中单击"打开"步骤左侧的方框，设置历史记录画笔的源，显示出 图标，如图 5-52 所示。选择"历史记录艺术画笔工具" ，在属性栏中按图 5-53 所示进行设置。

图 5-52 图 5-53

用"历史记录艺术画笔工具" 在图像上涂抹，效果如图 5-54 所示。此时的"历史记录"控制面板如图 5-55 所示。

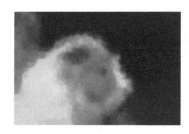

图 5-54　　　　　　　　　　　　图 5-55

5.3 渐变工具和油漆桶工具

　　使用"渐变工具"可以创建多种颜色间的渐变效果，使用"油漆桶工具"可以改变图像的色彩，使用"吸管工具"可以吸取需要的色彩。

5.3.1　课堂案例——制作博览会标识

案例学习目标

学习使用钢笔工具绘制图形，使用渐变工具制作填充图形。

案例知识要点

使用钢笔工具绘制图形，使用渐变工具填充图形的颜色，博览会标识效果如图 5-56 所示。

效果所在位置

资源包 > Ch05 > 效果 > 制作博览会标识 .psd。

图 5-56

制作博览会标识

STEP 1 按 Ctrl+N 组合键，弹出"新建"对话框，设置宽度为 8 厘米、高度为 8 厘米、分辨率为 300 像素 / 英寸、颜色模式为 RGB、背景内容为白色，单击"确定"按钮新建一个文件。

STEP 2 新建图层并将其命名为"形状 1"。选择"钢笔工具"，在属性栏的"选择工具模式"选项中选择"路径"，在图像窗口绘制一个闭合路径。按 Ctrl+Enter 组合键将路径转换为选区，如图 5-57 所示。

STEP 3 选择"渐变工具"，单击属性栏中的编辑渐变按钮，弹出"渐变编辑器"对话框，然后将渐变颜色设为从蓝色（0、113、190）到草绿色（203、216、26），如图 5-58 所示，单击"确定"按钮。按住 Shift 键在选区中由右至左填充渐变色，取消选区后，效果如图 5-59 所示。

STEP 4 新建图层并将其命名为"形状 2"。选择"钢笔工具"，在图像窗口绘制一个闭合路径。按 Ctrl+Enter 组合键将路径转换为选区，如图 5-60 所示。

图 5-57 图 5-58 图 5-59

STEP 5 选择"渐变工具" ，单击属性栏中的编辑渐变按钮 ，弹出"渐变编辑器"对话框，将渐变颜色设为从蓝色（34、32、136）到紫色（139、10、132），如图 5-61 所示，单击"确定"按钮。按住 Shift 键在选区中由右至左填充渐变色，取消选区后，效果如图 5-62 所示。

图 5-60 图 5-61 图 5-62

STEP 6 用相同的方法绘制"形状 3"和"形状 4"，效果如图 5-63 所示。将前景色设为黑色。选择"横排文字工具" ，在适当的位置分别输入文字并选取文字，在属性栏中选择合适的字体并设置大小，效果如图 5-64 所示。在"图层"控制面板中生成了新的文字图层，如图 5-65 所示。博览会标识制作完成。

图 5-63 图 5-64 图 5-65

5.3.2 油漆桶工具

选择"油漆桶工具" ，或按 Shift+G 组合键切换，其属性栏如图 5-66 所示。

图 5-66

前景：在下拉列表中可选择填充的是前景色还是图案。

：用于选择定义好的图案。

模式：用于选择着色的模式。

不透明度：用于设定填充颜色或图案的不透明度。

容差：用于设定色差的范围，数值越小，容差越小，填充的区域也越小。

消除锯齿：用于消除边缘的锯齿。

连续的：用于设定填充方式。

所有图层：用于选择是否对所有可见层进行填充。

　　打开一张图像，如图 5-67 所示。选择"油漆桶工具" ，在属性栏中对"容差"选项进行不同的设定，用油漆桶工具在图像中填充颜色，填充效果如图 5-68、图 5-69 所示。

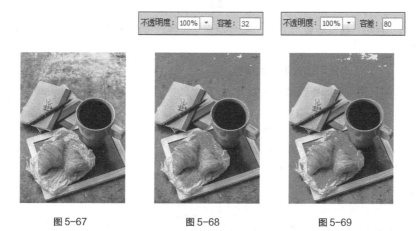

图 5-67　　　　　　　图 5-68　　　　　　　图 5-69

　　在"油漆桶工具"属性栏中设置图案，如图 5-70 所示。用"油漆桶工具"在图像中填充图案，效果如图 5-71 所示。

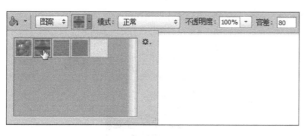

图 5-70　　　　　　　　　　　　　　　图 5-71

5.3.3　吸管工具

　　选择"吸管工具" ，或按 Shift+I 组合键切换，其属性栏如图 5-72 所示。

　　选择"吸管工具" ，在图像中需要的颜色处单击，当前的前景色将变为吸管吸取的颜色，在"信息"控制面板中将观察到所吸取颜色的色彩信息，效果如图 5-73 所示。

图 5-72   图 5-73

5.3.4 渐变工具

选择"渐变工具" ，或按 Shift+G 组合键切换，其属性栏如图 5-74 所示。

图 5-74

"渐变工具"包括"线性渐变"工具、"径向渐变"工具、"角度渐变"工具、"对称渐变"工具、"菱形渐变"工具。

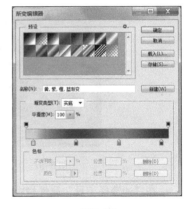

图 5-75

：用于选择和编辑渐变的颜色。

：用于选择各类型的渐变工具。

模式：用于选择着色的模式。

不透明度：用于设定渐变色的不透明度。

反向：用于反向产生渐变的效果。

仿色：用于使渐变更平滑。

透明区域：用于产生不透明度。

如果想自定义渐变形式和色彩，可单击编辑渐变按钮，在弹出的"渐变编辑器"对话框中进行设置，如图 5-75 所示。

在"渐变编辑器"对话框中，在颜色编辑框下方单击，可以增加色标，如图 5-76 所示。在对话框下方的"颜色"选项中选择颜色，或双击色标，弹出"拾色器"对话框，如图 5-77 所示，在其中选择合适的颜色，单击"确定"按钮，即可改变颜色。在"位置"选项数值框中输入数值或直接拖曳色标，都可以调整颜色的位置。

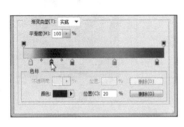

图 5-76

图 5-77

任意选择一个色标，如图 5-78 所示，单击对话框下方的"删除"按钮 删除(D) 或按 Delete 键，可以将其删除，如图 5-79 所示。

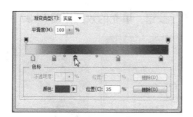
图 5-78

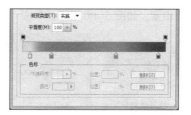
图 5-79

单击对话框中颜色编辑框左上方的黑色色标，如图 5-80 所示。调整"不透明度"选项的数值，可以使开始的颜色到结束的颜色显示为半透明的效果，如图 5-81 所示。

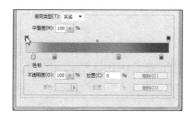
图 5-80

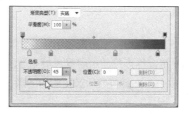
图 5-81

在对话框中颜色编辑框的上方单击，将出现新的色标，如图 5-82 所示。调整"不透明度"选项的数值，可以使新色标的颜色向两边的颜色出现过渡式的半透明效果，如图 5-83 所示。如果想删除新的色标，单击对话框下方的"删除"按钮 ▭ 删除(D) ，或按 Delete 键即可。

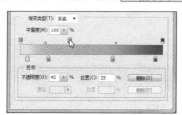
图 5-82

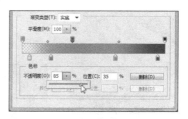
图 5-83

5.4 填充工具与描边命令

应用"填充"命令和"定义图案"命令可以为图像添加颜色或自定义图案效果，应用"描边"命令可以为图像描边。

5.4.1 填充命令

1. "填充"对话框

选择"编辑 > 填充"命令，弹出"填充"对话框，如图 5-84 所示。

使用：用于选择填充方式，包括使用前景色、背景色、颜色、内容识别、图案、历史记录、黑色、50% 灰色、白色进行填充。

模式：用于设置填充的模式。

不透明度：用于调整填充的不透明度。

图 5-84

2. 填充颜色

打开一幅图像，在图像中绘制出选区，如图 5-85 所示。选择"编辑 > 填充"命令，在弹出的"填充"对话框中进行设置，如图 5-86 所示。单击"确定"按钮，填充的效果如图 5-87 所示。

图 5-85

图 5-86

图 5-87

 提 示

按 Alt+BackSpace 组合键，将使用前景色填充选区或图层；按 Ctrl+BackSpace 组合键，将使用背景色填充选区或图层；按 Delete 键将删除选区中的图像，露出背景色或下面的图像。

5.4.2 自定义图案

隐藏除图案外的其他图层，在图案上绘制需要的选区，如图 5-88 所示。选择"编辑 > 定义图案"命令，弹出"图案名称"对话框，如图 5-89 所示。单击"确定"按钮，图案定义完成。按 Ctrl+D 组合键取消选择选区。

图 5-88

图 5-89

选择"编辑 > 填充"命令，弹出"填充"对话框，在"自定图案"下拉列表中选择新定义的图案，如图 5-90 所示。单击"确定"按钮，图案填充的效果如图 5-91 所示。

图 5-90

图 5-91

在"填充"对话框的"模式"选项中可选择不同的填充模式，如图 5-92 所示。单击"确定"按钮，填充的效果如图 5-93 所示。

图 5-92

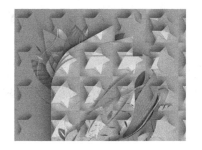
图 5-93

5.4.3 描边命令

1. "描边"对话框

选择"编辑 > 描边"命令，弹出"描边"对话框，如图5-94所示。

描边：用于设定边线的宽度和颜色。

位置：用于设定边线相对于区域边缘的位置，包括内部、居中和居外3个选项。

混合：用于设置描边模式和不透明度。

图 5-94

2. 制作描边效果

打开一幅图像，使用"磁性套索工具"沿图像的边缘绘制出需要的选区，如图 5-95 所示。

选择"编辑 > 描边"命令，在弹出的"描边"对话框中进行设置，如图 5-96 所示，单击"确定"按钮描边选区。按 Ctrl+D 组合键取消选择选区，描边的效果如图 5-97 所示。

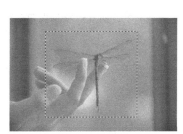
图 5-95

图 5-96

图 5-97

在"描边"对话框中，将"模式"选项设定为"强光"，如图 5-98 所示，单击"确定"按钮描边选区。按 Ctrl+D 组合键取消选择选区，描边的效果如图 5-99 所示。

图 5-98

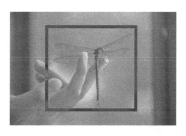
图 5-99

5.5 课堂练习——制作摄影宣传照

练习知识要点

使用渐变工具制作彩虹，使用橡皮擦工具和不透明度选项制作渐隐效果，使用混合模式改变彩虹的颜色，摄影宣传照效果如图 5-100 所示。

效果所在位置

资源包 > Ch05 > 效果 > 制作摄影宣传照 .psd。

图 5-100

制作摄影宣传照

5.6 课后习题——制作时尚人物插画

习题知识要点

使用椭圆工具、矩形选框工具和定义图案命令制作图案，使用填充命令和不透明度选项填充背景图案，使用移动工具添加人物和文字，时尚人物插画效果如图 5-101 所示。

效果所在位置

资源包 > Ch05 > 效果 > 制作时尚人物插画 .psd。

图 5-101

制作时尚人物插画

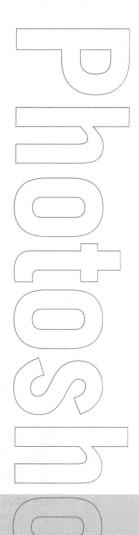

Chapter

6

第6章
修饰图像

本章主要介绍Photoshop CS6中修饰图像的方法与技巧。通过本章的学习，读者将了解和掌握修饰图像的基本方法与操作技巧，以及应用相关工具快速地仿制图像、修复污点、消除红眼等，并能够将图像成功修复。

课堂学习目标

- 熟练掌握修复工具的使用方法
- 掌握修饰工具的使用技巧
- 掌握擦除工具的使用技巧

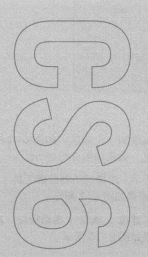

6.1 修复工具

修复工具用于对图像的细微部分进行修整，是在处理图像时不可或缺的工具。

6.1.1 课堂案例——修复生活照片

案例学习目标

学会使用修补工具和仿制图章工具修复图像。

案例知识要点

使用修补工具对图像的特定区域进行修补，使用仿制图章工具修复残留的色彩偏差，使用高斯模糊命令制作模糊效果，使用色相 / 饱和度命令调整图像的色调，修复生活照片效果如图 6-1 所示。

效果所在位置

资源包 > Ch06 > 效果 > 修复生活照片 .psd。

图 6-1

修复生活照片

STEP 1 按 Ctrl+O 组合键，打开资源包中的"Ch06 > 素材 > 修复生活照片 > 01"文件，如图 6-2 所示。按 Ctrl+J 组合键复制图层，如图 6-3 所示。

图 6-2

图 6-3

STEP 2 选择"修补工具" 📑，在图像中需要修复的区域绘制一个选区，如图 6-4 所示。将选区移动到没有缺陷的区域进行修补。按 Ctrl+D 组合键取消选择选区，效果如图 6-5 所示。

STEP 3 使用相同的方法对图像进行调整，效果如图 6-6 所示。选择"仿制图章工具" 📑，按住 Alt 键单击选择取样点，在色彩有偏差的图像周围单击进行修复，效果如图 6-7 所示。

STEP 4 按 Ctrl+J 组合键复制图层，如图 6-8 所示。选择"滤镜 > 模糊 > 高斯模糊"命令，在弹出的对话框中进行设置，如图 6-9 所示。单击"确定"按钮，效果如图 6-10 所示。

图 6-4 图 6-5

图 6-6 图 6-7

图 6-8 图 6-9 图 6-10

STEP 在"图层"控制面板上方,将"图层 1 副本"图层的混合模式设为"柔光",如图 6-11
所示,图像效果如图 6-12 所示。

图 6-11 图 6-12

STEP 单击"图层"控制面板下方的"创建新的填充或调整图层"按钮 ,在弹出的菜
单中选择"色相/饱和度"命令,在"图层"控制面板创建"色相/饱和度 1"图层,在弹出的"色相/
饱和度"面板中进行设置,如图 6-13 所示。按 Enter 键确认操作,图像效果如图 6-14 所示。

STEP  按 Ctrl+O 组合键，打开资源包中的"Ch06 > 素材 > 修复生活照片 > 02、03"文件。选择"移动工具" ，将图形分别拖曳到图像窗口适当的位置，如图 6-15 所示，将"图层"控制面板中新生成的图层分别命名为"图框"和"文字"。生活照片修复完成。

图 6-13　　　　　　　　　　图 6-14　　　　　　　　　　图 6-15

6.1.2　修复画笔工具

使用"修复画笔工具"进行图片修复，可以使修复的效果自然、逼真。选择"修复画笔工具" ，或按 Shift+J 组合键切换，其属性栏如图 6-16 所示。

图 6-16

模式：在下拉列表中可以选择复制像素或填充图案与底图的混合模式。

源：选择"取样"选项后，按住 Alt 键，鼠标指针将变为圆形十字图标 ，单击确定样本的取样点，释放鼠标左键，在图像中要修复的位置单击并按住鼠标左键不放，拖曳鼠标指针复制取样点的图像；选择"图案"选项后，在"图案"拾色器中可选择图案或自定义图案来填充图像。

对齐：勾选此复选框，下一次的复制位置会和上次的复制位置完全重合，图像不会因重新复制而出现错位。

设置修复画笔：可以选择修复画笔的大小。单击画笔选项右侧的下拉按钮 ，在弹出的面板中可以设置画笔的大小、硬度、间距、角度、圆度和压力大小，如图 6-17 所示。

使用"修复画笔工具" 可以将取样点的像素信息非常自然地复制

图 6-17

到图像的破损位置，并保持图像的亮度、饱和度、纹理等，修复图片的过程如图 6-18、图 6-19 和图 6-20 所示。

单击属性栏中的"切换仿制源面板"按钮 ，弹出"仿制源"控制面板，如图 6-21 所示。

仿制源：激活此按钮后，按住 Alt 键使用"修复画笔工具"在图像中单击，可设置取样点；单击下一个"仿制源"按钮，可以继续取样。

源：指定 x 轴和 y 轴的像素位移，可以在相对于取样点的精确位置进行仿制。

W/H：可以缩放所仿制的源。

图 6-18　　　　　　　　图 6-19　　　　　　　　图 6-20

旋转：在文本框中输入旋转角度，可以旋转仿制的源。

翻转：单击"水平翻转"按钮 或"垂直翻转"按钮 ，可水平或垂直翻转仿制源。

"复位变换"按钮 ：将 W 值、H 值、角度值和翻转方向恢复为默认的状态。

显示叠加：勾选此复选框并设置了叠加方式后，在使用"修复画笔工具"时，可以更好地查看叠加效果以及下方的图像。

图 6-21

不透明度：用来设置叠加图像的不透明度。

已剪切：可以将叠加剪切到画笔大小。

自动隐藏：可以在应用绘画描边时隐藏叠加。

反相：可以反相叠加颜色。

6.1.3　污点修复画笔工具

"污点修复画笔工具"的工作方式与"修复画笔工具"相似，是使用图像中的样本像素进行绘制，并将样本像素的纹理、光照、透明度和阴影与所修复的像素匹配。"污点修复画笔工具"不需要确定样本点，将自动从所修复区域的周围取样。

选择"污点修复画笔工具" ，或按 Shift+J 组合键切换，其属性栏如图 6-22 所示。

图 6-22

选择"污点修复画笔工具" ，在属性栏中按图 6-23 所示进行设定，原始图像如图 6-24 所示，在要修复的污点图像上拖曳鼠标指针，如图 6-25 所示，释放鼠标左键，污点即被去除。去除所有污点后的效果如图 6-26 所示。

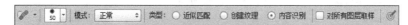

图 6-23

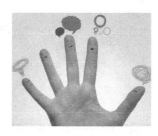
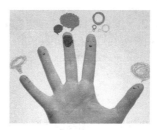

图 6-24　　　　　　　　图 6-25　　　　　　　　图 6-26

6.1.4 修补工具

选择"修补工具" ⬚ ，或按 Shift+J 组合键切换，其属性栏如图 6-27 所示。

图 6-27

新选区 ⬚ ：去除旧选区，绘制新选区。

添加到选区 ⬚ ：在原有选区中增加新的选区。

从选区减去 ⬚ ：在原有选区上减去新选区的部分。

与选区交叉 ⬚ ：选择新旧选区重叠的部分。

使用修补工具：用"修补工具" ⬚ 圈选图像中的茶杯，如图 6-28 所示，在属性栏中选择"源"选项，再在选区中单击并按住鼠标左键不放，将选区中的茶杯拖曳到需要的位置，如图 6-29 所示。释放鼠标左键，选区中的茶杯被新放置的位置的图像修补，如图 6-30 所示。按 Ctrl+D 组合键取消选择选区，修补的效果如图 6-31 所示。

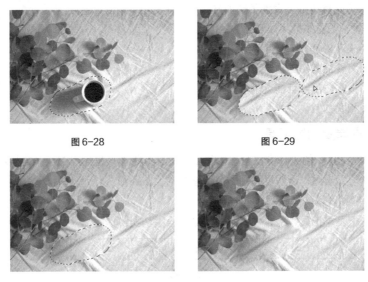

图 6-28 　　　　　　　　　　　　图 6-29

图 6-30 　　　　　　　　　　　　图 6-31

选择"修补工具"属性栏中的"目标"选项，用"修补工具" ⬚ 圈选图像中的区域，再将选区拖曳到要修补的图像区域，效果如图 6-32 所示，圈选区域中的图像修补了图像的底图，如图 6-33 所示。按 Ctrl+D 组合键取消选择选区，修补效果如图 6-34 所示。

图 6-32 　　　　　　　　　　图 6-33 　　　　　　　　　　图 6-34

用"修补工具" ⬚ 在图像中圈选出需要使用图案的选区。"修补工具"属性栏中的"使用图案"选项变为可用状态，然后从中选择需要的图案，如图 6-35 所示。单击"使用图案"按钮，选区中填充了所选的图案。按 Ctrl+D 组合键取消选择选区，填充效果如图 6-36 所示。

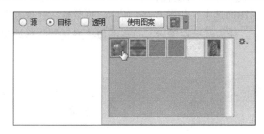

图 6-35　　　　　　　　　　　　　　　　　图 6-36

　　用"修补工具" 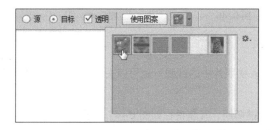 在图像中圈选出需要使用图案的选区。选择需要填充的图案，再勾选"透明"复选框，如图 6-37 所示。单击"使用图案"按钮，选区中填充了透明的图案。按 Ctrl+D 组合键取消选择选区，填充图案的效果如图 6-38 所示。

图 6-37　　　　　　　　　　　　　　　　　图 6-38

6.1.5　内容感知移动工具

　　"内容感知移动工具"是 Photoshop CS6 新增的工具，使用它可将选中的对象移动或扩展到图像的其他区域后进行重组和混合，以产生出色的视觉效果。

　　选择"内容感知移动工具" ，或按 Shift+J 组合键切换，其属性栏如图 6-39 所示。

图 6-39

　　模式：用于选择重新混合的模式。

　　适应：用于选择区域保留的严格程度。

　　打开一张图片，如图 6-40 所示。选择"内容感知移动工具"，在其属性栏中将"模式"设置为"移动"，在图像窗口中单击并拖曳鼠标指针绘制选区，将心形图像选中，如图 6-41 所示。将鼠标指针放置在选区中，单击并向左下方拖曳鼠标指针，如图 6-42 所示。释放鼠标左键后，心形图像移动到新位置，原位置被周围的图像自动修复，如图 6-43 所示。

图 6-40　　　　　　　图 6-41　　　　　　　图 6-42　　　　　　　图 6-43

打开一张图片，选择"内容感知移动工具" ，在其属性栏中将"模式"设置为"扩展"，在图像窗口中单击并拖曳鼠标指针绘制选区，将心形图像选中，如图 6-44 所示。将鼠标指针放置在选区中，单击并向左下方拖曳鼠标指针，如图 6-45 所示。释放鼠标左键后，心形图像扩展复制并移动到新位置，如图 6-46 所示。

图 6-44   图 6-45   图 6-46

6.1.6 红眼工具

使用"红眼工具"可去除用闪光灯拍摄的人物照片中的红眼，也可以去除用闪光灯拍摄的照片中的白色或绿色反光。

选择"红眼工具" ，或按 Shift+J 组合键切换，其属性栏如图 6-47 所示。

图 6-47

瞳孔大小：用于设置瞳孔的大小。

变暗量：用于设置瞳孔的暗度。

打开一张人物照片，效果如图 6-48 所示。选择"红眼工具" ，按需要在其属性栏中进行设置，如图 6-49 所示。在照片中瞳孔的位置单击，如图 6-50 所示。去除红眼后的效果如图 6-51 所示。

图 6-48   图 6-49   图 6-50   图 6-51

6.1.7 课堂案例——修复人物艺术照

⊕ 案例学习目标

学习利用多种修复工具修复人物艺术照。

⊕ 案例知识要点

使用缩放命令调整图像大小，使用红眼工具去除图像中人物的红眼，使用仿制图章工具修复人物图像上的斑纹，使用模糊工具模糊图像，使用污点修复画笔工具修复人物脖子上的斑纹。修复后的人物艺术照效果如图 6-52 所示。

+ 效果所在位置

资源包 > Ch06 > 效果 > 修复人物艺术照 .psd。

修复人物艺术照

图 6-52

STEP 1 按 Ctrl+O 组合键，打开资源包中的"Ch06 > 素材 > 修复人物艺术照 > 01"文件，如图 6-53 所示。选择"缩放工具" ，在图像窗口中鼠标指针变为放大工具图标，单击将图像放大，效果如图 6-54 所示。

STEP 2 选择"红眼工具" ，其属性栏中的设置为默认值，在人物眼睛上的红色区域单击去除红眼，效果如图 6-55 所示。

图 6-53　　　　　　　　图 6-54　　　　　　　　图 6-55

STEP 3 选择"仿制图章工具" ，在其属性栏中单击"画笔"选项右侧的下拉按钮 ，弹出"画笔预设"选取器，然后选择需要的画笔形状，将"大小"设为 35 像素，如图 6-56 所示。将鼠标指针放在脸部需要取样的位置，按住 Alt 键，鼠标指针变为圆形十字图标 ，如图 6-57 所示，单击鼠标确定取样点。将鼠标指针放置在需要修复的斑纹上，如图 6-58 所示，单击去掉斑纹，效果如图 6-59 所示。用相同的方法去除人物脸部的所有斑纹，效果如图 6-60 所示。

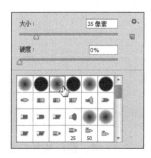   

图 6-56　　　　　　图 6-57　　　　　　图 6-58　　　　　　图 6-59　　　　　　图 6-60

STEP 🖱️**4** 选择"模糊工具"🔘，在其属性栏中将"强度"设为 100%，如图 6-61 所示。
单击"画笔"选项右侧的下拉按钮🔽，弹出"画笔预设"选取器，在面板中选择需要的画笔形状，将"大
小"设为 200 像素，如图 6-62 所示。在人物脸部涂抹，让脸部图像变得自然、柔和，效果如图 6-63
所示。

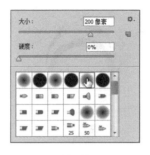

图 6-61　　　　　　　　　　图 6-62　　　　　　　　　　图 6-63

STEP 🖱️**5** 选择"缩放工具"🔍，在图像窗口中单击将图像放大，效果如图 6-64 所示。选择
"污点修复画笔工具"🖌️，单击"画笔"选项右侧的下拉按钮🔽，弹出"画笔预设"选取器，在面板中
进行设置，如图 6-65 所示。在斑纹上单击，如图 6-66 所示，斑纹被清除，效果如图 6-67 所示。用
相同的方法清除脖子上的其他斑纹。人物艺术照修复完成，效果如图 6-68 所示。

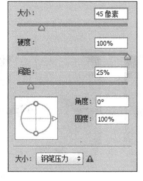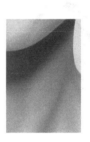

图 6-64　　　　　　图 6-65　　　　　　图 6-66　　　　图 6-67　　　　　图 6-68

6.1.8　仿制图章工具

"仿制图章工具"可以以指定的像素点为复制基准点，将其周围的图像复制到其他地方。

选择"仿制图章工具"🔖，或按 Shift+S 组合键切换，其属性栏如图 6-69 所示。

图 6-69

画笔预设：用于设置画笔的粗细和形状。

模式：用于选择混合模式。

不透明度：用于设定不透明度。

流量：用于设定扩散的速度。

对齐：用于控制是否在复制时使用对齐功能。

选择"仿制图章工具"🔖，将鼠标指针放在图像中需要复制的位置，按住 Alt 键，鼠标指针将变
为圆形十字图标⊕，如图 6-70 所示。单击确定取样点，释放鼠标左键，在合适的位置单击并按住鼠标

左键不放，拖曳鼠标指针复制出取样点的图像，效果如图 6-71 所示。

图 6-70　　　　　　　　　　　　　　　　　　图 6-71

6.1.9　图案图章工具

选择"图案图章工具"，或按 Shift+S 组合键切换，其属性栏如图 6-72 所示。

图 6-72

在要定义为图案的图像上绘制选区，如图 6-73 所示。选择"编辑 > 定义图案"命令，弹出"图案名称"对话框，如图 6-74 所示。单击"确定"按钮，将选区中的图像定义为图案。

　　　　　　　　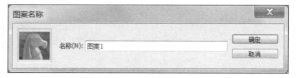

图 6-73　　　　　　　　　　　　　　　　　　图 6-74

选择"图案图章工具"，在其属性栏中选择定义好的图案，如图 6-75 所示。按 Ctrl+D 组合键取消选择选区。在合适的位置单击并按住鼠标左键不放，拖曳鼠标指针复制出定义好的图案，效果如图 6-76 所示。

图 6-75　　　　　　　　　　　　　　　　　　图 6-76

6.1.10　颜色替换工具

"颜色替换工具"能够简化图像中特定颜色的替换步骤，"颜色替换工具"不适用于"位图""索引"或"多通道"颜色模式的图像。

选择"颜色替换工具" 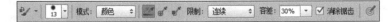 ，其属性栏如图 6-77 所示。

图 6-77

原始图像如图 6-78 所示，打开"颜色"控制面板和"色板"控制面板，在"颜色"控制面板中设置前景色，如图 6-79 所示。在"色板"控制面板中单击"创建前景色的新色板"按钮 ⬜ ，将设置的前景色存放在"色板"控制面板中，如图 6-80 所示。

图 6-78

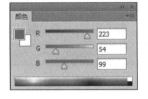

图 6-79

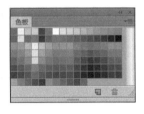

图 6-80

选择"颜色替换工具" 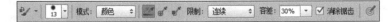 ，在其属性栏中进行设置，如图 6-81 所示。在图像中需要上色的区域涂抹进行上色，效果如图 6-82 所示。

图 6-81

图 6-82

6.2 修饰工具

修饰工具用于对图像进行修饰，使图像产生不同的效果。

6.2.1 课堂案例——修饰人物照片

⊕ **案例学习目标**

学习使用多种修饰工具修饰人物照片。

⊕ **案例知识要点**

使用缩放工具调整图像大小，使用模糊工具、锐化工具、涂抹工具、减淡工具、加深工具和海绵工具修饰图像，修饰人物照片效果如图 6-83 所示。

⊕ **效果所在位置**

资源包 > Ch06 > 效果 > 修饰人物照片 .psd。

图 6-83

修饰人物照片

STEP 1 按 Ctrl+O 组合键，打开资源包中的"Ch06 > 素材 > 修饰人物照片 > 01"文件，如图 6-84 所示。按 Ctrl+J 组合键复制"背景"图层。选择"缩放工具" 🔍，图像窗口中的鼠标指针变为放大工具图标🔍，单击鼠标放大图像，如图 6-85 所示。

图 6-84　　　　　　　　　　　图 6-85

STEP 2 选择"模糊工具" 💧，在其属性栏中单击"画笔预设"选项右侧的下拉按钮，在弹出的"画笔预设"选取器中选择需要的画笔形状并设置其大小，如图 6-86 所示。在人物脸部涂抹，让脸部变得自然、柔和，效果如图 6-87 所示。

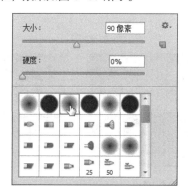

图 6-86　　　　　　　　　　　图 6-87

STEP 3 选择"锐化工具" △，在其属性栏中单击"画笔预设"选项右侧的下拉按钮，在弹出的"画笔预设"选取器中选择需要的画笔形状并设置其大小，如图 6-88 所示。在人物的头发上拖曳鼠标指针，使头发更清晰，效果如图 6-89 所示。用相同的方法对图像的其他部分进行锐化，效果如图 6-90 所示。

STEP 4 选择"涂抹工具" 👆，在其属性栏中单击"画笔预设"选项右侧的下拉按钮，在弹出的"画笔预设"选取器中选择需要的画笔形状并设置其大小，如图 6-91 所示。在人物的下颌及脖子上拖曳鼠标指针，调整人物下颌及脖子的形态，效果如图 6-92 所示。

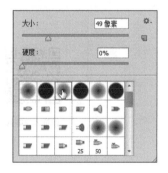

图 6-88   图 6-89   图 6-90

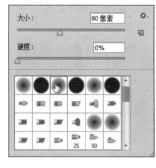

图 6-91   图 6-92

STEP 5 选择"减淡工具" ，在其属性栏中单击"画笔预设"选项右侧的下拉按钮 ，在弹出的"画笔预设"选取器中选择需要的画笔形状并设置其大小，如图 6-93 所示，将"范围"设为"中间调"。在人物的眼白部分拖曳鼠标指针，减淡眼白的颜色，效果如图 6-94 所示。用相同的方法调整另一只眼睛的眼白部分，效果如图 6-95 所示。

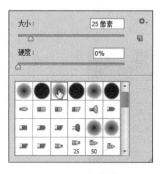

图 6-93   图 6-94   图 6-95

STEP 6 选择"加深工具" ，在其属性栏中单击"画笔预设"选项右侧的下拉按钮 ，在弹出的"画笔预设"选取器中选择需要的画笔形状并设置其大小，如图 6-96 所示，然后将"范围"设为"阴影"、将"曝光度"设为 30%。在人物的图像中唇部拖曳鼠标指针加深唇色，效果如图 6-97 所示。用相同的方法加深眼球的颜色，效果如图 6-98 所示。

STEP 7 选择"海绵工具" ，在其属性栏中单击"画笔预设"选项右侧的下拉按钮 ，在弹出的"画笔预设"选取器中选择需要的画笔形状并设置其大小，如图 6-99 所示，然后将"模式"设为"饱和"。在人物的头发上拖曳鼠标指针，为头发加色，效果如图 6-100 所示。用相同的方法为图像中的其他部分加色，效果如图 6-101 所示。

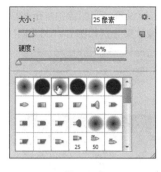

图 6-96

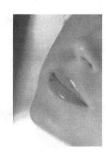

图 6-97

图 6-98

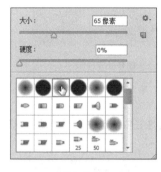

图 6-99

图 6-100

图 6-101

STEP 08 在"海绵工具"属性栏中单击"画笔预设"选项右侧的下拉按钮 ，在弹出的"画笔预设"选取器中选择需要的画笔形状并设置其大小，如图 6-102 所示，然后将"模式"设为"降低饱和度"。在人物图像的背景上拖曳鼠标指针，为背景去色，效果如图 6-103 所示。人物照片修饰完成。

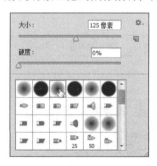

图 6-102

图 6-103

6.2.2　模糊工具

选择"模糊工具" ，其属性栏如图 6-104 所示。

图 6-104

画笔预设：用于设置画笔的粗细和形状。

模式：用于设定绘制模式。

强度：用于设定描边强度。

对所有图层取样：用于确定"模糊工具"是否对所有可见层起作用。

选择"模糊工具" ⬦，在其属性栏中按图 6-105 所示进行设置，在图像中单击并按住鼠标左键不放，拖曳鼠标指针使图像产生模糊的效果。原图像和模糊后的图像效果分别如图 6-106 和图 6-107 所示。

图 6-105

图 6-106   图 6-107

6.2.3 锐化工具

选择"锐化工具" △，其属性栏如图 6-108 所示，属性栏中的选项与"模糊工具"属性栏的选项类似。

图 6-108

选择"锐化工具" △，在其属性栏中按图 6-109 所示进行设置，在图像中单击并按住鼠标左键不放，拖曳鼠标指针使图像产生锐化的效果。原图像和锐化后的图像效果分别如图 6-110 和图 6-111 所示。

图 6-109

图 6-110   图 6-111

6.2.4 涂抹工具

选择"涂抹工具" 𝕨，其属性栏如图 6-112 所示，属性栏中的选项与"模糊工具"属性栏的选项类似，"手指绘画"复选框用于设定是否按前景色进行涂抹。

图 6-112

选择"涂抹工具" 🖐，在其属性栏中按图 6–113 所示进行设定，在图像中单击并按住鼠标左键不放，拖曳鼠标指针使图像产生涂抹效果。原图像和涂抹后的图像效果分别如图 6–114 和图 6–115 所示。

图 6–113

图 6–114　　　　　　　　　　　图 6–115

6.2.5　减淡工具

选择"减淡工具" 🔍，或按 Shift+O 组合键切换，其属性栏如图 6–116 所示。

图 6–116

画笔预设：用于设置画笔的粗细和形状。

范围：用于设定图像中要提高亮度的区域。

曝光度：用于设定曝光的强度。

选择"减淡工具" 🔍，在其属性栏中按图 6–117 所示进行设置。在图像中需要修饰的部分单击并按住鼠标左键不放，拖曳鼠标指针使图像产生减淡的效果。原图像和减淡后的图像效果分别如图 6–118 和图 6–119 所示。

图 6–117

图 6–118　　　　　　　　　　　图 6–119

6.2.6　加深工具

选择"加深工具" ✋，或按 Shift+O 组合键切换，其属性栏如图 6–120 所示，属性栏中的选项与"减淡工具"属性栏的选项的作用正好相反。

图 6-120

选择"加深工具" ，在其属性栏中按图 6-121 所示进行设定，在图像中需要修饰的部分单击并按住鼠标左键不放，拖曳鼠标指针使图像产生加深的效果。原图像和加深后的图像效果分别如图 6-122 和图 6-123 所示。

图 6-121

图 6-122 　　　　　　　　　　　图 6-123

6.2.7 海绵工具

选择"海绵工具" ，或按 Shift+O 组合键切换，其属性栏如图 6-124 所示。

图 6-124

画笔预设：用于设置画笔的粗细和形状。

模式：用于设定加色的处理方式。

流量：用于设定扩散的速度。

选择"海绵工具" ，在其属性栏中按图 6-125 所示进行设定，在图像中需要修饰的部分单击并按住鼠标左键不放，拖曳鼠标指针增加图像色彩饱和度。原图像和处理后的图像效果分别如图 6-126 和图 6-127 所示。

图 6-125

图 6-126 　　　　　　　　　　　图 6-127

6.3 擦除工具

擦除工具包括"橡皮擦工具""背景橡皮擦工具"和"魔术橡皮擦工具"。使用擦除工具可以擦除指定图像的颜色，还可以擦除颜色相近区域中的图像。

6.3.1 橡皮擦工具

选择"橡皮擦工具" ，或按 Shift+E 组合键切换，其属性栏如图 6-128 所示。

图 6-128

画笔预设：用于设置橡皮擦的形状和大小。

模式：用于选择擦除的笔触方式。

不透明度：用于设定不透明度。

流量：用于设定扩散的速度。

抹到历史记录：用于以"历史记录"控制面板中确定的图像状态来擦除图像。

选择"橡皮擦工具" ，在图像中单击并按住鼠标左键拖曳，可以擦除图像。当图层为"背景"图层或锁定了透明区域的图层时，擦除的图像将显示为背景色，效果如图 6-129 所示；当图层为普通层时，擦除的图像将显示为透明，效果如图 6-130 所示。

图 6-129　　　　　　　　图 6-130

6.3.2 背景色橡皮擦工具

选择"背景橡皮擦工具" ，或按 Shift+E 组合键切换，其属性栏如图 6-131 所示。

图 6-131

画笔预设：用于设置橡皮擦的形状和大小。

限制：用于设定擦除限制。

容差：用于设定容差值。

保护前景色：用于保护前景色不被擦除。

选择"背景色橡皮擦工具" ，在其工具属性栏中按图 6-132 所示进行设定，在图像中进行擦除操作，图像擦除前后的对比效果分别如图 6-133 和图 6-134 所示。

图 6-132

图 6-133   图 6-134

6.3.3 魔术橡皮擦工具

选择"魔术橡皮擦工具" 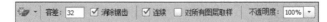，或按 Shift+E 组合键切换，其属性栏如图 6-135 所示。

图 6-135

容差：用于设定容差值，容差值的大小决定"魔术橡皮擦工具"擦除图像的面积。

消除锯齿：用于消除锯齿。

连续：作用于当前图层。

对所有图层取样：作用于所有图层。

不透明度：用于设定不透明度。

选择"魔术橡皮擦工具" ，其属性栏中的选项为默认值，然后擦除图像，效果如图 6-136 所示。

图 6-136

6.4 课堂练习——调整人物照片

➕ 练习知识要点

使用缩放工具调整图像的显示大小，使用仿制图章工具修复图像上的污点，使用模糊工具模糊图像，调整后的人物照片效果如图 6-137 所示。

➕ 效果所在位置

资源包 > Ch06 > 效果 > 调整人物照片 .psd。

调整人物照片

图 6-137

6.5 课后习题——修复人物照片

习题知识要点

使用缩放命令调整图像的显示比例，使用红眼工具去除人物照片中的红眼，使用仿制图章工具修复人物图像上的斑纹，使用污点修复画笔工具修复照片的破损处。修复人物照片效果如图 6-138 所示。

效果所在位置

资源包 > Ch06 > 效果 > 修复人物照片 .psd。

图 6-138

修复人物照片

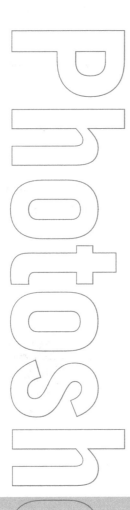

Chapter

7

第7章
编辑图像

本章主要介绍 Photoshop CS6 中编辑图像的基础方法。通过本章的学习，读者将了解并掌握图像的编辑方法，能够快速地应用命令对图像进行适当的编辑与调整。

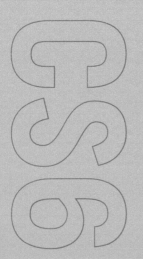

课堂学习目标

- 熟练掌握图像编辑工具的使用方法
- 掌握图像复制和删除的技巧
- 掌握图像裁切和变换的技巧

7.1 图像编辑工具

使用图像编辑工具对图像进行编辑和处理，可以提高编辑和处理图像的效率。

7.1.1 课堂案例——制作油画展示效果

案例学习目标

学习使用图像编辑工具对图像进行裁剪。

案例知识要点

使用标尺工具、任意角度命令、裁剪工具制作风景照片，使用注释工具为图像添加注释，油画展示效果如图 7-1 所示。

效果所在位置

资源包 > Ch07 > 效果 > 制作油画展示效果 .psd。

图 7-1

制作油画展示效果

STEP 1 按 Ctrl+O 组合键，打开资源包中的"Ch07 > 素材 > 制作油画展示效果 > 03"文件，如图 7-2 所示。选择"标尺工具" ，在图像窗口左侧单击鼠标确定测量的起点，向右拖曳鼠标指针出现测量的线段，释放鼠标左键，确定测量的终点。

STEP 2 选择"图像 > 图像旋转 > 任意角度"命令，在弹出的"旋转画布"对话框中进行设置，如图 7-3 所示。单击"确定"按钮，效果如图 7-4 所示。

STEP 3 选择"裁剪工具" ，在图像窗口中拖曳鼠标指针，绘制矩形裁切框，如图 7-5 所示。按 Enter 键确认操作，效果如图 7-6 所示。

图 7-2

图 7-3

图 7-4

STEP 4 按 Ctrl+O 组合键，打开资源包中的"Ch07 > 素材 > 制作油画展示效果 > 01"文件。选择"移动工具" ，将 03 图像拖曳到 01 图像窗口中，并调整其大小和位置，效果如图 7-7 所示。将"图层"控制面板中新生成的图层命名为"油画"。

图 7-5

图 7-6

图 7-7

STEP 5 按 Ctrl+O 组合键，打开资源包中的"Ch07 > 素材 > 制作油画展示效果 > 02"文件。选择"移动工具" ，将 02 图像拖曳到 01 图像窗口中，并调整其大小和位置，效果如图 7-8 所示。将"图层"控制面板中新生成的图层命名为"画框"。

STEP 6 将前景色设为米色（200、178、139）。选择"横排文字工具" ，在其属性栏中选择合适的字体并设置大小，输入文字，效果如图 7-9 所示。在"图层"控制面板中生成了新的文字图层。

STEP 7 按 Ctrl+T 组合键，文字周围出现变换框，再将鼠标指针放在变换框的控制手柄的附近，鼠标指针变为旋转图标 ，拖曳鼠标指针将文字旋转到适当的角度，按 Enter 键确认操作，效果如图 7-10 所示。

图 7-8

图 7-9

图 7-10

STEP 8 选择"注释工具" ，在图像窗口中单击，弹出"注释"控制面板，在面板中输入文字，如图 7-11 所示。油画展示效果制作完成，效果如图 7-12 所示。

图 7-11

图 7-12

7.1.2 注释类工具

注释类工具可以为图像添加文字注释。

选择"注释工具" ，或按 Shift+I 组合键切换，其属性栏如图 7-13 所示。

图 7-13

作者：用于输入作者的姓名。

颜色：用于设置注释窗口的颜色。

清除全部：用于清除所有注释。

显示或隐藏注释面板按钮 📃：用于打开"注释"控制面板，编辑注释文字。

7.1.3 标尺工具

选择"标尺工具" 🔟，或按 Shift+I 组合键切换，其属性栏如图 7-14 所示。

图 7-14

X/Y：起始位置的坐标。

W/H：在 X 轴和 Y 轴上移动的水平距离和垂直距离。

A：相对于坐标轴偏离的角度。

L1：两点间的距离。

L2：绘制角度时另一条测量线的长度。

拉直图层：拉直图层使标尺水平。

消除：清除测量线。

7.2 图像的复制和删除

在 Photoshop CS6 中，用户可以非常便捷地复制和删除图像。

7.2.1 课堂案例——制作平板广告

⊕ **案例学习目标**

学习使用移动工具复制和变换图像。

⊕ **案例知识要点**

使用移动工具和复制命令制作装饰图形，使用变换命令变换图形，使用渐变工具添加渐变色，使用横排文字工具添加文字，平板广告效果如图 7-15 所示。

⊕ **效果所在位置**

资源包 > Ch07 > 效果 > 制作平板广告 .psd。

图 7-15

制作平板广告

STEP 🖱1 按 Ctrl+O 组合键，打开资源包中的"Ch07 > 素材 > 制作平板广告 > 01"文件，如图 7-16 所示。新建图层，将前景色设为白色。选择"圆角矩形工具" ▢，在其属性栏中的"选择工具模式"中选择"像素"，将"半径"选项设为 70 像素，然后在图像窗口中绘制圆角矩形，如图 7-17 所示。

图 7-16   图 7-17

STEP 🔲**2** 按 Alt+Ctrl+T 组合键，圆角矩形周围出现变换框，水平向右拖曳圆角矩形到适当的位置，按 Enter 键确认操作，复制圆角矩形，效果如图 7-18 所示。按 8 次 Alt+Shift+Ctrl+T 组合键，再复制 8 个圆角矩形，效果如图 7-19 所示。

图 7-18   图 7-19

STEP 🔲**3** 选中"图层 1"。按住 Shift 键单击"图层 1 副本 9"图层，将两个图层间的所有图层同时选中。按 Ctrl+E 组合键合并图层并将其命名为"圆角矩形"，如图 7-20 所示。按住 Ctrl 键单击该图层的缩览图，圆角矩形周围生成选区，如图 7-21 所示。

STEP 🔲**4** 选择"渐变工具"🔳，单击其属性栏中的编辑渐变按钮，弹出"渐变编辑器"对话框，将渐变色设为从白色到浅灰色（130、130、130），单击"确定"按钮。在选区中从左至右填充渐变色，取消选择选区后的效果如图 7-22 所示。

图 7-20   图 7-21   图 7-22

STEP 🔲**5** 按 Ctrl+T 组合键，圆角矩形周围出现变换框，在变换框中右击，在弹出的快捷菜单中选择"扭曲"命令，拖曳控制手柄变换图形，调整其大小及位置，按 Enter 键确认操作，效果如图 7-23 所示。选择"移动工具"➕，按住 Alt 键多次拖曳图形到适当的位置复制图形，并分别调整其大小和位置，效果如图 7-24 所示。

图 7-23　　　　　　　　　　　图 7-24

STEP 6　按住 Shift 键，将原图层和副本图层同时选中。在"图层"控制面板上方，将选中图层的"不透明度"设为 40%，如图 7-25 所示。按 Enter 键确认操作，效果如图 7-26 所示。

图 7-25　　　　　　　　　　　图 7-26

STEP 7　按 Ctrl+O 组合键，打开资源包中的"Ch07 > 素材 > 制作平板广告 > 02"文件。选择"移动工具"，将 02 图像拖曳到 01 图像窗口中适当的位置，效果如图 7-27 所示。将"图层"控制面板中新生成的图层命名为"平板"。

STEP 8　按 Alt+Ctrl+T 组合键，图像周围出现变换框，在变换框中右击，在弹出的快捷菜单中选择"垂直翻转"命令翻转复制的图像，调整其位置，按 Enter 键确认操作，效果如图 7-28 所示。

图 7-27　　　　　　　　　　　图 7-28

STEP 9　单击"图层"控制面板下方的"添加图层蒙版"按钮，为图层添加蒙版，如图 7-29 所示。选择"渐变工具"，单击其属性栏中的编辑渐变按钮，弹出"渐变编辑器"对话框，然后将渐变色设为从白色到黑色，单击"确定"按钮。在图像下方从上至下填充渐变色，取消选区后的效果如图 7-30 所示。

STEP 10　将前景色设为白色。选择"横排文字工具"，在图像窗口中输入文字并选取文字，在属性栏中选择合适的字体并设置大小，效果如图 7-31 所示，在"图层"控制面板中生成了新的文字图层。用相同的方法输入其他文字，效果如图 7-32 所示。平板广告制作完成。

图 7-29

图 7-30

图 7-31

图 7-32

7.2.2 图像的复制

要在编辑和处理图像的操作过程中随时按需要复制图像，就必须掌握复制图像的方法。在复制图像前，先选择将要复制的图像区域，如果不选择图像区域，则不能复制图像。

使用"移动工具"复制图像：打开一幅图像，使用"矩形选框工具" [□] 绘制出将要复制的图像选区，如图 7-33 所示。选择"移动工具" [▸+]，将鼠标指针放在选区中，鼠标指针变为 ▸ 图标，如图 7-34 所示。按住 Alt 键，鼠标指针变为 ▸ 图标，如图 7-35 所示。单击并按住鼠标左键不放，拖曳选区中的图像到适当的位置，释放鼠标左键和 Alt 键，图像复制完成，效果如图 7-36 所示。

图 7-33

图 7-34

图 7-35

图 7-36

使用菜单命令复制图像：绘制选区，如图 7-37 所示，选择"编辑 > 拷贝"命令或按 Ctrl+C 组合键，将选区中的图像复制,这时图像并没有变化,但 Photoshop 已将图像复制到剪贴板中。

选择"编辑 > 粘贴"命令或按 Ctrl+V 组合键,将剪贴板中的图像粘贴在新图层中,复制的图像在原图的上方,如图 7-38 所示。使用"移动工具" ▶ 移动复制的图像,效果如图 7-39 所示。

图 7-37　　　　　　　　　　图 7-38　　　　　　　　　　图 7-39

7.2.3　图像的删除

在删除图像前,需要选择要删除的图像区域,如果不选择图像区域,则不能删除图像。

使用菜单命令删除图像:在需要删除的图像上绘制选区,如图 7-40 所示。选择"编辑 > 清除"命令,将选区中的图像删除。按 Ctrl+D 组合键取消选择选区,效果如图 7-41 所示。

图 7-40　　　　　　　　　　　图 7-41

使用快捷键删除图像:在需要删除的图像上绘制选区,按 Delete 键或 BackSpace 键即可将选区中的图像删除。按 Alt+Delete 组合键或 Alt+BackSpace 组合键,也可将选区中的图像删除,删除后的图像区域由前景色填充。

提示

删除后的图像区域由背景色填充。如果在某一图层中,删除后的图像区域将显示下面一图层的图像。

7.3　图像的裁切和图像的变换

用户通过图像的裁切和变换操作,可以设计制作出丰富多变的图像效果。

7.3.1　图像的裁切

在实际的设计工作中,经常有一些图片的构图和比例不符合设计要求,这时就需要对这些图片进行裁剪。下面就进行具体介绍。

1.　使用"裁剪工具"裁切图像

打开一幅图像,选择"裁剪工具" 耳,在图像中单击并按住鼠标左键,拖曳鼠标指针到适当的位置，松开鼠标，绘制出矩形裁剪框，如图 7-42 所示。在矩形裁剪框内双击或按 Enter 键都可以完成图像的裁剪，效果如图 7-43 所示。

图 7-42   图 7-43

将鼠标指针放在裁剪框的边界上，单击并拖曳鼠标指针可以调整裁剪框的大小，如图 7-44 所示。拖曳裁剪框上的控制点也可以缩放裁剪框。按住 Shift 键拖曳裁剪框上的控制点，可以将其等比例缩放，如图 7-45 所示。将鼠标指针放在裁剪框外，单击并拖曳鼠标指针，可旋转裁剪框，如图 7-46 所示。

图 7-44   图 7-45   图 7-46

将鼠标指针放在裁剪框内，单击并拖动鼠标指针可以移动裁剪框，如图 7-47 所示。单击工具属性栏中的 ✔ 按钮或按 Enter 键裁剪图像，如图 7-48 所示。

图 7-47   图 7-48

2. 使用菜单命令裁切图像

使用"矩形选框工具"□ 在图像中绘制出要裁剪的图像区域，如图 7-49 所示。选择"图像 > 裁剪"命令即可按选区进行图像的裁剪，按 Ctrl+D 组合键取消选择选区，效果如图 7-50 所示。

图 7-49   图 7-50

3. 使用"透视裁剪工具"裁切图像

打开一幅图像,如图 7-51 所示。选择"透视裁剪工具" 🔲,在图像窗口中单击并拖曳鼠标指针,绘制矩形裁剪框,如图 7-52 所示。

图 7-51   图 7-52

将鼠标指针放置在裁剪框左上角的控制点上,向右侧拖曳,再把右上角的控制点向左拖曳,使顶部的两个边角和图像的边缘保持平行,用相同的方法调整其他控制点,效果如图 7-53 所示。单击工具属性栏中的 ☑ 按钮或按 Enter 键裁剪图像,效果如图 7-54 所示。

图 7-53   图 7-54

7.3.2 图像的变换

图像的变换将影响整个图像。选择"图像 > 图像旋转"命令,其子菜单如图 7-55 所示。不同的图像变换效果如图 7-56 所示。

180 度(1)
90 度(顺时针)(9)
90 度(逆时针)(0)
任意角度(A)...

水平翻转画布(H)
垂直翻转画布(V)

图 7-55   原图像   180 度   90 度(顺时针)

90 度(逆时针)   水平翻转画布   垂直翻转画布

图 7-56

选择"任意角度"命令，在弹出的"旋转画布"对话框中进行设置，如图 7-57 所示。单击"确定"按钮图像被旋转，效果如图 7-58 所示。

图 7-57   图 7-58

7.3.3 图像选区的变换

在操作过程中可以根据设计和制作的需要变换已经绘制好的选区。下面就对其进行具体介绍。

在图像中绘制选区，如图 7-59 所示。选择"编辑 > 自由变换"命令或选择"变换"命令，其子菜单如图 7-60 所示，选择其中的命令可以对图像的选区进行各种变换，效果如图 7-61 所示。

图 7-59   图 7-60   缩放   旋转   斜切

扭曲   透视   变形   旋转 180 度   旋转 90 度（顺时针）

旋转 90 度（逆时针）   水平翻转   垂直翻转

图 7-61

在图像中绘制选区，按 Ctrl+T 组合键，选区周围出现变换框，拖曳变换框的控制手柄可以任意对图像选区进行缩放。按住 Shift 键拖曳变换框的控制手柄，可以等比例缩放图像。

将鼠标指针放在变换框的控制手柄外侧，鼠标指针变为旋转图标 ↻，此时拖曳鼠标指针即可旋转图像，效果如图 7-62 所示。

用鼠标指针拖曳旋转中心点可以将其放到其他位置。将旋转中心点拖曳到适当的位置并旋转适当的角度，效果如图 7-63 所示。

按住 Ctrl 键分别拖曳变换框的 4 个控制手柄，可以变换图像的形状，效果如图 7-64 所示。

图 7-62   图 7-63   图 7-64

按住 Alt 键分别拖曳变换框的 4 个控制手柄，可以使图像对称变形，效果如图 7-65 所示。

按住 Ctrl+Shift 组合键拖曳变换框中间的控制手柄，可以使图像斜切变形，效果如图 7-66 所示。

按住 Ctrl+Shift+Alt 组合键，分别拖曳变换框的 4 个控制手柄，可以使图像透视变形，效果如图 7-67 所示。

图 7-65   图 7-66   图 7-67

7.4 课堂练习——校正倾斜的照片

🔍 练习知识要点

使用裁剪工具校正倾斜的照片，效果如图 7-68 所示。

图 7-68

校正倾斜的照片

⊕ 效果所在位置

资源包 > Ch07 > 效果 > 校正倾斜的照片 .psd。

7.5 课后习题——制作证件照

⊕ 习题知识要点

使用裁剪工具裁剪图像，使用移动工具和图层样式为图像添加投影和描边，证件照的效果如图 7-69
所示。

⊕ 效果所在位置

资源包 > Ch07 > 效果 > 制作证件照 .psd。

图 7-69

制作证件照

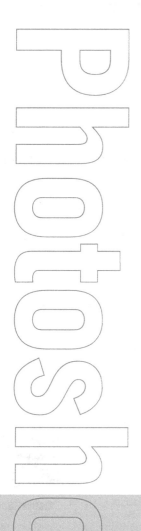

Chapter

8

第8章
绘制图形和路径

本章主要介绍路径的绘制和编辑方法、图形的绘制方法与应用技巧，以及3D模型和3D工具。通过本章的学习，读者能够快速地绘制所需的路径并对其进行修改和编辑，还能够使用绘图工具绘制出Photoshop自带的图形。

课堂学习目标

- 熟练掌握绘制图形的技巧
- 熟练掌握绘制和选取路径的方法
- 掌握3D模型的创建方法和3D工具的使用技巧

8.1 绘制图形

路径工具极大地增强了 Photoshop CS6 处理图像的功能，可以用来绘制路径、剪切路径和填充区域。

8.1.1 课堂案例——绘制拉杆箱

⊕ **案例学习目标**

学习使用不同的绘图工具绘制各种图形，并使用移动命令和复制命令调整图形。

⊕ **案例知识要点**

使用圆角矩形工具绘制箱体，使用矩形工具和椭圆工具绘制拉杆和滑轮，使用多边形工具和自定形状工具绘制装饰图形，使用路径选择工具选取和复制图形，使用直接选择工具调整锚点，拉杆箱的效果如图 8-1 所示。

⊕ **效果所在位置**

资源包 > Ch08 > 效果 > 绘制拉杆箱 .psd。

图 8-1

绘制拉杆箱

STEP 〔1〕 按 Ctrl+O 组合键，打开资源包中的"Ch08 > 素材 > 制作拉杆箱 > 01"文件，如图 8-2 所示。选择"圆角矩形工具" ⬛，在属性栏的"选择工具模式"中选择"形状"，再将"填充"颜色设为橙黄色（246、212、53）、"半径"设置为 30 像素，然后在图像窗口中拖曳鼠标指针绘制圆角矩形，效果如图 8-3 所示，在"图层"控制面板中生成了新的形状图层"圆角矩形 1"。

图 8-2

图 8-3

STEP 〔2〕 选择"圆角矩形工具" ⬛，在属性栏中将"半径"设置为 10 像素，再在图像窗口中拖曳鼠标指针绘制圆角矩形，在属性栏中将"填充"颜色设为灰色（122、120、133），效果如图 8-4 所示，在"图层"控制面板中生成了新的形状图层"圆角矩形 2"。

STEP 〔3〕 用"路径选择工具" ▶ 选中新绘制的圆角矩形，按住 Alt+Shift 组合键，水平向右拖曳圆角矩形到适当的位置复制圆角矩形，效果如图 8-5 所示。按 Alt+Ctrl+G 组合键，创建剪贴蒙版，效果如图 8-6 所示。

图 8-4　　　　　　图 8-5　　　　　　图 8-6

STEP 选择"圆角矩形工具" ，在属性栏中将"半径"设置为 18 像素，在图像窗口中拖曳鼠标指针绘制圆角矩形。在属性栏中将"填充"颜色设为暗黄色（229、191、44），效果如图 8-7 所示。在"图层"控制面板中生成了新的形状图层"圆角矩形 3"。

STEP 用"路径选择工具" 选中新绘制的圆角矩形，按住 Alt+Shift 组合键，水平向右拖曳圆角矩形到适当的位置复制圆角矩形，效果如图 8-8 所示。用相同的方法再绘制两个圆角矩形，效果如图 8-9 所示。

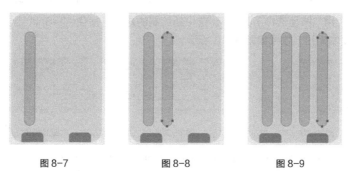

图 8-7　　　　　　图 8-8　　　　　　图 8-9

STEP 选择"矩形工具" ，在属性栏的"选择工具模式"中选择"形状"，再将"填充"颜色设为灰色（122、120、133），在图像窗口中绘制矩形，效果如图 8-10 所示，在"图层"控制面板中生成了新的形状图层"矩形 1"。

STEP 用"直接选择工具" 选中矩形左上角的锚点，如图 8-11 所示，按住 Shift 键水平向右将其拖曳到适当的位置，效果如图 8-12 所示。用此方法调整矩形右上角的锚点，效果如图 8-13 所示。

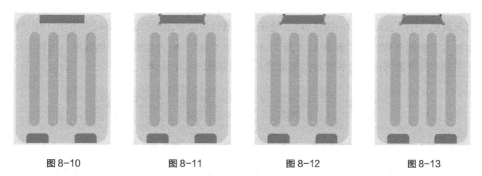

图 8-10　　　　图 8-11　　　　图 8-12　　　　图 8-13

STEP 选择"矩形工具" ，在图像窗口中绘制矩形，在属性栏中将"填充"颜色设为浅灰色（217、218、222），效果如图 8-14 所示，在"图层"控制面板中生成了新的形状图层"矩形 2"。

STEP 09 用"路径选择工具" 选中新绘制的矩形，按住 Alt+Shift 组合键，水平向右拖曳矩形到适当的位置复制矩形，效果如图 8-15 所示。

 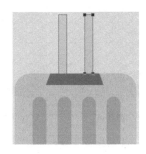

图 8-14   图 8-15

STEP 10 选择"矩形工具" ，在图像窗口中绘制矩形，在属性栏中将"填充"颜色设为暗灰色（85、84、88），效果如图 8-16 所示，在"图层"控制面板中生成了新的形状图层"矩形 3"。

STEP 11 在图像窗口中绘制矩形，效果如图 8-17 所示，在"图层"控制面板中生成了新的形状图层"矩形 4"。用"路径选择工具" 选中新绘制的矩形，按住 Alt+Shift 组合键，水平向右拖曳矩形到适当的位置复制矩形，效果如图 8-18 所示。

图 8-16   图 8-17   图 8-18

STEP 12 在图像窗口中绘制矩形，效果如图 8-19 所示，在"图层"控制面板中生成了新的形状图层"矩形 5"。用"路径选择工具" 选中新绘制的矩形，按住 Alt+Shift 组合键，水平向右拖曳矩形到适当的位置复制矩形，效果如图 8-20 所示。

图 8-19   图 8-20

STEP 13 选择"椭圆工具" ，在属性栏的"选择工具模式"中选择"形状"，再将"填充"颜色设为深灰色（61、63、70），按住 Shift 键在图像窗口中绘制圆形，如图 8-21 所示，在"图层"控制面板中生成了新的形状图层"椭圆 1"。用"路径选择工具" 选中新绘制的圆形，按住 Alt+Shift 组合键，水平向右拖曳圆形到适当的位置复制圆形，效果如图 8-22 所示。

图 8-21   图 8-22

STEP 14 选择"多边形工具" ，在属性栏的"选择工具模式"中选择"形状"，再将"填充"颜色设为红色（227、93、62）、"边"设为 6，按住 Shift 键在图像窗口中绘制多边形，如图 8-23 所示，在"图层"控制面板中生成了新的形状图层"多边形 1"。

STEP 15 用"路径选择工具"  选中新绘制的多边形，然后按住 Alt+Shift 组合键水平向左拖曳多边形到适当的位置复制多边形，效果如图 8-24 所示。

图 8-23　　　　　　　　　　　　图 8-24

STEP 16 选择"自定形状工具" 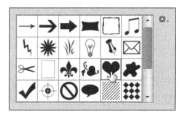，在属性栏的"选择工具模式"中选择"形状"，再将"填充"颜色设为红色（227、93、62），单击"形状"选项右侧的下拉按钮，弹出"自定形状"拾色器，选择需要的形状，如图 8-25 所示。在图像窗口中绘制形状，效果如图 8-26 所示。

STEP 17 选择"椭圆工具" ，按住 Shift 键在图像窗口中绘制圆形。在属性栏中将"填充"颜色设为橙黄色（246、212、53），效果如图 8-27 所示，在"图层"控制面板中生成了新的形状图层"椭圆 2"。

图 8-25　　　　　　　　　　　图 8-26　　　　　　　　　　　图 8-27

STEP 18 选择"直线工具" ，在属性栏的"选择工具模式"中选择"形状"，再将"填充"颜色设为咖啡色（182、167、145）、"粗细"选项设为 5 像素，按住 Shift 键在图像窗口中绘制直线，效果如图 8-28 所示，在"图层"控制面板中生成了新的形状图层"形状 2"。

STEP 19 用与步骤 18 相同的方法绘制直线，效果如图 8-29 所示，在"图层"控制面板中生成了新的形状图层"形状 3"。拉杆箱绘制完成，效果如图 8-30 所示。

图 8-28　　　　　　　　　　　图 8-29　　　　　　　　　　　图 8-30

8.1.2　矩形工具

选择"矩形工具" ，或按 Shift+U 组合键切换，其属性栏如图 8-31 所示。

图 8-31

形状 ：用于选择创建路径形状、创建工作路径或填充区域。

填充 描边 3点 ：用于设置矩形的填充色、描边色、描边宽度和描边类型。

 W: GO H: ：用于设置矩形的宽度和高度。

 ：用于设置路径的组合方式、对齐方式和排列方式。

 ：用于设定所绘制矩形的形状。

对齐边缘：用于设定边缘是否对齐。

原始图像效果如图 8-32 所示。在图像中绘制矩形，效果如图 8-33 所示，此时的"图层"控制面板如图 8-34 所示。

图 8-32   图 8-33   图 8-34

8.1.3 圆角矩形工具

选择"圆角矩形工具" ，或按 Shift+U 组合键切换，其属性栏如图 8-35 所示。属性栏中的选项与"矩形工具"属性栏的选项类似，只增加了"半径"选项用于设定圆角矩形的平滑程度，数值越大越平滑。

图 8-35

原始图像效果如图 8-36 所示。将"半径"选项设为 40 像素，在图像中绘制圆角矩形，效果如图 8-37 所示，此时的"图层"控制面板如图 8-38 所示。

图 8-36   图 8-37   图 8-38

8.1.4 椭圆工具

选择"椭圆工具" ，或按 Shift+U 组合键切换，其属性栏如图 8-39 所示。

图 8-39

原始图像效果如图 8-40 所示。在图像上绘制椭圆形，效果如图 8-41 所示，此时的"图层"控制面板如图 8-42 所示。

图 8-40 图 8-41 图 8-42

8.1.5 多边形工具

选择"多边形工具" ● ，或按 Shift+U 组合键切换，其属性栏如图 8-43 所示。属性栏中的选项与"矩形工具"属性栏的选项类似，只增加了"边"选项用于设定多边形的边数。

图 8-43

原始图像效果如图 8-44 所示。单击属性栏中的设置按钮 ● ，在弹出的面板中进行设置，如图 8-45 所示。在图像中绘制星形，效果如图 8-46 所示，此时的"图层"控制面板如图 8-47 所示。

图 8-44 图 8-45 图 8-46 图 8-47

8.1.6 直线工具

选择"直线工具" ／ ，或按 Shift+U 组合键切换，其属性栏如图 8-48 所示。属性栏中的选项与"矩形工具"属性栏的选项类似，只增加了"粗细"选项用于设定线的宽度。

单击属性栏中的设置按钮 ● ，弹出"箭头"面板，如图 8-49 所示。

图 8-48 图 8-49

起点：用于选择线段的始端是否有箭头。

终点：用于选择线段的末端是否有箭头。

宽度：用于设定箭头宽度和线段宽度的比值。

长度：用于设定箭头长度和线段长度的比值。

凹度：用于设定箭头凹凸的形状。

原图效果如图 8-50 所示，在图像中绘制不同的直线，如图 8-51 所示，此时的"图层"控制面板如图 8-52 所示。

图 8-50　　　　　　　　图 8-51　　　　　　　　图 8-52

 提示

按住 Shift 键使用"直线工具"可以绘制水平或垂直的直线。

8.1.7　自定形状工具

选择"自定形状工具" [图]，或按 Shift+U 组合键切换，其属性栏如图 8-53 所示。属性栏中的选项与"矩形工具"属性栏的选项类似，只增加了"形状"选项用于选择所需的形状。

单击"形状"选项右侧的下拉按钮[，弹出图 8-54 所示的"自定形状"拾色器，其存储了可供选择的各种不规则的形状。

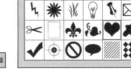

图 8-53　　　　　　　　　　　　　　　　　　图 8-54

原始图像效果如图 8-55 所示。在图像中绘制形状，效果如图 8-56 所示，此时的"图层"控制面板如图 8-57 所示。

可以使用"定义自定形状"命令制作并定义形状。使用"钢笔工具" [图] 在图像窗口中绘制路径并填充路径，如图 8-58 所示。

选择"编辑 > 定义自定形状"命令，弹出"形状名称"对话框，在"名称"文本框中输入自定形状的名称，如图 8-59 所示。单击"确定"按钮，在"自定形状"拾色器中将会显示定义的形状，如图 8-60 所示。

图 8-55

图 8-56

图 8-57

图 8-58

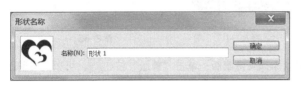
图 8-59

图 8-60

8.1.8　属性面板

"属性"面板用于调整形状的大小、填充颜色、描边颜色、描边样式以及圆角半径等，也可以用于
调整所选图层中的图层蒙版和矢量蒙版的不透明度和羽化范围。选择"矩形工具" 绘制一个矩形，
如图 8-61 所示，选择"窗口 > 属性"命令，弹出"属性"面板，如图 8-62 所示。

图 8-61

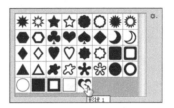
图 8-62

W/H：用于设置形状的宽度和高度。

：用于链接宽度和高度，使形状能够成比例改变。

X/Y：用于设定形状的横、纵坐标。

：用于设置形状的填充颜色和描边颜色。

：用于设置形状的描边宽度和类型。

：用于设置描边的对齐类型、线段端点和线段合并类型。

在"角半径"文本框中输入值以指定角效果到每个角点的扩展半径，如图 8-63 所示，按 Enter 键，
效果如图 8-64 所示。

在"属性"面板中单击"蒙版"按钮，切换到相应的面板，如图 8-65 所示。

图 8-63　　　　　　　　　图 8-64　　　　　　　　　图 8-65

　　 ：单击"矢量蒙版"按钮 可以添加矢量蒙版；单击"蒙版"按钮 ，可以为当前图层添加图层蒙版。

　　浓度：拖动滑块可以调整蒙版的不透明度，即蒙版的遮盖强度。

　　羽化：拖动滑块可以柔化蒙版的边缘。

　　 蒙版边缘… ：单击此按钮，可以打开"调整边缘"对话框，修改蒙版边缘。

　　 颜色范围… ：单击此按钮，可以打开"色彩范围"对话框，此时可以在图像中取样并调整颜色容差，修改蒙版范围。

　　 反相 ：单击此按钮，可以反转蒙版的遮盖区域。

　　"从蒙版中载入选区"按钮 ：可以载入蒙版中包含的选区。

　　"应用蒙版"按钮 ：可以将蒙版应用到图像中，同时删除被蒙版遮盖的图像。

　　"停用 / 启用蒙版"按钮 ：可以停用或启用蒙版，停用蒙版时，蒙版缩略图上会出现一个红色的"×"。

　　"删除蒙版"按钮 ：可以删除当前蒙版。

8.2 绘制和选取路径

　　路径对于 Photoshop CS6 用户来说是一个非常得力的助手。使用路径可以对复杂图像进行选取，也可以存储选取的区域以备再次使用，还可以绘制线条平滑的优美图形。

8.2.1　课堂案例——制作蛋糕新品宣传卡

案例学习目标

　　学习使用不同的绘制和选取路径工具绘制并调整路径。

案例知识要点

　　使用钢笔工具、添加锚点工具和转换点工具绘制路径，使用应用选区命令和路径的转换命令进行转换，蛋糕新品宣传卡如图 8-66 所示。

效果所在位置

　　资源包 > Ch08 > 效果 > 制作蛋糕新品宣传卡 .psd。

制作蛋糕新品宣传卡

图 8-66

STEP 1 按 Ctrl+O 组合键，打开资源包中的"Ch08 > 素材 > 制作蛋糕新品宣传卡 > 01"文件，如图 8-67 所示。选择"钢笔工具" ，在属性栏中的"选择工具模式"中选择"路径"，在图像窗口中沿着蛋糕轮廓绘制路径，如图 8-68 所示。

图 8-67   图 8-68

STEP 2 选择"钢笔工具" ，按住 Ctrl 键，"钢笔工具" 转换为"直接选择工具" ，拖曳路径中的锚点改变路径的弧度，拖曳锚点上的调节手柄改变线段的弧度，效果如图 8-69 所示。

STEP 3 将鼠标指针移动到建立好的路径上，若该处没有锚点，则"钢笔工具" 转换为"添加锚点工具" ，如图 8-70 所示，在路径上单击添加一个锚点。

图 8-69   图 8-70

STEP 4 选择"转换点工具" ，按住 Alt 键拖曳手柄可以任意改变、调节手柄中的其中一个手柄，如图 8-71 所示。用上述的路径工具，将路径调整得更贴近盒子的形状，效果如图 8-72 所示。

STEP 5 单击"路径"控制面板下方的"将路径作为选区载入"按钮 将路径转换为选区，如图 8-73 所示。

STEP 6 按 Ctrl+O 组合键，打开资源包中的"Ch08 > 素材 > 制作蛋糕新品宣传卡 > 02"文件，如图 8-74 所示。选择"移动工具" ，将 01 文件选区中的图像拖曳到 02 图像中，效果如图 8-75 所示，然后将"图层"控制面板中新生成的图层命名为"蛋糕"。

图 8-71   图 8-72

图 8-73   图 8-74   图 8-75

STEP 17 新建图层并将其命名为"投影"。将前景色设为咖啡色（75、34、0）。选择"椭圆选框工具" ⬭，在图像窗口中拖曳鼠标指针绘制椭圆选区，如图 8-76 所示。

STEP 18 按 Shift+F6 组合键，在弹出的"羽化选区"对话框中进行设置，如图 8-77 所示，单击"确定"按钮羽化选区。按 Alt+Delete 组合键用前景色填充选区，按 Ctrl+D 组合键取消选择选区，效果如图 8-78 所示。

图 8-76   图 8-77   图 8-78

STEP 19 在"图层"控制面板中，将"阴影"图层拖曳到"蛋糕"图层下方，如图 8-79 所示，图像效果如图 8-80 所示。

图 8-79   图 8-80

STEP 10 按住 Shift 键，将 "蛋糕" 图层和 "投影" 图层同时选中，按 Ctrl+E 组合键合并图层，如图 8-81 所示。

STEP 11 连续两次将 "蛋糕" 图层拖曳到 "图层" 控制面板下方的 "创建新图层" 按钮 上进行复制，生成新的副本图层，如图 8-82 所示。分别选择副本图层，将蛋糕图像拖曳到适当的位置并调整其大小，效果如图 8-83 所示。蛋糕新品宣传卡制作完成。

图 8-81   图 8-82   图 8-83

8.2.2 钢笔工具

选择 "钢笔工具" ，或按 Shift+P 组合键切换，其属性栏如图 8-84 所示。

按住 Shift 键创建锚点，将强迫 Photoshop 以 45° 或 45° 的倍数的角度绘制路径。按住 Alt 键将 "钢笔工具" 移到锚点上时，可暂时将 "钢笔工具" 转换为 "转换点工具" 。按住 Ctrl 键可暂时将 "钢笔工具" 转换成 "直接选择工具" 。

图 8-84

绘制直线条：建立一个新的图像文件，选择 "钢笔工具" ，在属性栏中的 "选择工具模式" 中选择 "路径"，用 "钢笔工具" 绘制的将是路径；如果选择 "形状" 选项，将绘制出形状图层。勾选 "自动添加 / 删除" 复选框，"钢笔工具" 的属性栏如图 8-85 所示。

图 8-85

在图像中任意位置单击创建一个锚点，将鼠标指针移动到其他位置单击，创建第二个锚点，两个锚点之间将自动以直线进行连接，如图 8-86 所示。再将鼠标指针移动到其他位置单击，创建第三个锚点，Photoshop 将在第二个锚点和第三个锚点之间生成一条新的直线路径，如图 8-87 所示。

将鼠标指针移至第二个锚点上，其暂时转换成 "删除锚点工具" ，如图 8-88 所示，在锚点上单击可将第二个锚点删除，如图 8-89 所示。

图 8-86   图 8-87   图 8-88   图 8-89

绘制曲线：用"钢笔工具" 🖉 在图像中单击建立新的锚点并按住鼠标左键不放，拖曳鼠标指针建立曲线段和曲线锚点，如图 8-90 所示。释放鼠标左键，按住 Alt 键用"钢笔工具" 🖉 单击刚建立的曲线锚点，如图 8-91 所示，将其转换为直线锚点，在其他位置单击建立下一个锚点，可在曲线段后绘制出直线段，如图 8-92 所示。

图 8-90   图 8-91   图 8-92

8.2.3 自由钢笔工具

选择"自由钢笔工具" 🖉，对其属性栏进行设置，如图 8-93 所示。

图 8-93

在盘子上单击确定最初的锚点，然后沿图像边缘小心地拖曳鼠标指针并单击，确定其他的锚点，如图 8-94 所示。如果在路径绘制中存在误差，使用其他路径工具对路径进行修改和调整即可，效果如图 8-95 所示。

图 8-94   图 8-95

8.2.4 添加锚点工具

将"钢笔工具" 🖉 移动到建立的路径上，若此处没有锚点，则"钢笔工具" 🖉 转换成"添加锚点工具" 🖉，如图 8-96 所示，在路径上单击可以添加一个锚点，效果如图 8-97 所示。将"钢笔工具" 🖉 移动到建立的路径上，若此处没有锚点，单击添加锚点后按住鼠标左键不放，拖曳鼠标指针可建立曲线段和曲线锚点，效果如图 8-98 所示。

图 8-96   图 8-97   图 8-98

8.2.5 删除锚点工具

"删除锚点工具"用于删除路径上已经存在的锚点。将"钢笔工具" ![pen] 放到路径的锚点上，则"钢笔工具" ![pen] 转换成"删除锚点工具" ![pen-minus]，如图 8-99 所示，单击锚点即可将其删除，效果如图 8-100 所示。

图 8-99   图 8-100

8.2.6 转换点工具

按住 Shift 键，拖曳路径中的一个锚点，将强制手柄以 45° 或 45° 的倍数的角度进行改变。按住 Alt 键拖曳手柄，可以任意改变两个调节手柄中的一个，而不影响另一个手柄的位置。按住 Alt 键拖曳路径中的线段，可以复制路径。

使用"钢笔工具" ![pen] 在图像中绘制三角形路径，要闭合路径时鼠标指针将变为 ![icon] 图标，如图 8-101 所示，单击鼠标即可闭合路径，完成三角形路径的绘制，如图 8-102 所示。

图 8-101   图 8-102

选择"转换点工具" ![convert]，将鼠标指针放置在三角形左上角的锚点上，如图 8-103 所示，然后单击锚点并将其向右上方拖曳形成曲线锚点，如图 8-104 所示。使用相同的方法将三角形的其他锚点转换为曲线锚点，如图 8-105 所示。

图 8-103   图 8-104   图 8-105

8.2.7 选区和路径的转换

1. 将选区转换为路径

使用菜单命令：在图像上绘制选区，如图 8-106 所示。单击"路径"控制面板右上方的 ![menu] 按钮，在打开的菜单中选择"建立工作路径"命令，弹出"建立工作路径"对话框，在对话框中使用"容差"
选项可设置路径转换时的误差允许范围，数值越小越精确，路径上的关键点也越多。如果要编辑生成的
路径，在此处设定的数值最好为 2，如图 8-107 所示。单击"确定"按钮，将选区转换成路径，效果如
图 8-108 所示。

图 8-106   图 8-107   图 8-108

　　使用按钮命令：单击"路径"控制面板下方的"从选区生成工作路径"按钮 ◇ ，也可以将选区转
换成路径。

2. 将路径转换为选区

　　使用菜单命令：在图像中创建路径，如图 8-109 所示。单击"路径"控制面板右上方的 按钮，
在打开的菜单中选择"建立选区"命令，弹出"建立选区"对话框，如图 8-110 所示。设置完成后，单
击"确定"按钮将路径转换成选区，效果如图 8-111 所示。

图 8-109   图 8-110   图 8-111

　　使用按钮命令：单击"路径"控制面板下方的"将路径作为选区载入"按钮 ⊞ ，也可以将路径转
换成选区。

8.2.8 路径控制面板

　　绘制一条路径，再选择"窗口 > 路径"命令，弹出"路径"控制面板，如图 8-112 所示。单击"路
径"控制面板右上方的 按钮，打开菜单如图 8-113 所示。"路径"控制面板底部有 7 个工具按钮，如
图 8-114 所示。

　　"用前景色填充路径"按钮 ● ：单击此按钮，将对当前选中的路径进行填充，填充的对象包括当前
路径的所有子路径以及不连续的路径线段。如果选中了路径中的一部分，通过"路径"控制面板打开的
菜单中的"填充路径"命令将变为"填充子路径"命令；如果被填充的路径为开放路径，Photoshop 将
自动把路径的两个端点以直线段连接再进行填充；如果只有一条开放的路径，则不能进行填充。按住 Alt
键单击此按钮，将弹出"填充路径"对话框。

　　"用画笔描边路径"按钮 ○ ：单击此按钮，Photoshop 将使用当前的颜色和当前在"描边路径"对
话框中设定的工具对路径进行描边。按住 Alt 键单击此按钮，将弹出"描边路径"对话框。

"将路径作为选区载入"按钮：单击此按钮，将把当前路径所圈选的范围转换为选择区域。按住 Alt 键单击此按钮，将弹出"建立选区"对话框。

"从选区生成工作路径"按钮：单击此按钮，将把当前的选择区域转换成路径。按住 Alt 键单击此按钮，将弹出"建立工作路径"对话框。

"添加图层蒙版"按钮：用于为当前图层添加蒙版。

"创建新路径"按钮：单击此按钮，可以创建一个新的路径。按住 Alt 键单击此按钮，将弹出"新路径"对话框。

"删除当前路径"按钮：用于删除当前路径。直接拖曳"路径"控制面板中的一个路径到此按钮上，可将整个路径全部删除。

图 8-112

图 8-113

图 8-114

8.2.9　新建路径

使用控制面板弹出式菜单：单击"路径"控制面板右上方的按钮，打开菜单，选择"新建路径"命令，弹出"新建路径"对话框，如图 8-115 所示。

图 8-115

名称：用于设定新路径的名称。

使用控制面板按钮或快捷键：单击"路径"控制面板下方的"创建新路径"按钮，可以创建一个新路径。按住 Alt 键单击"创建新路径"按钮，弹出"新建路径"对话框，设置完成后，单击"确定"按钮也可以创建路径。

8.2.10　复制、删除、重命名路径

1. 复制路径

使用菜单命令复制路径：单击"路径"控制面板右上方的按钮，打开菜单，选择"复制路径"命令，弹出"复制路径"对话框，如图 8-116 所示。在"名称"文本框中设置复制路径的名称，单击"确定"按钮，"路径"控制面板如图 8-117 所示。

使用按钮命令复制路径：在"路径"控制面板中，将需要复制的路径拖曳到"创建新路径"按钮上，即可将所选的路径复制为一个新路径。

图 8-116　　　　　　　　　　　　图 8-117

2. 删除路径

使用菜单命令删除路径：单击"路径"控制面板右上方的按钮，打开菜单，选择"删除路径"命令即可将路径删除。

使用按钮命令删除路径：在"路径"控制面板中选择需要删除的路径，单击"删除当前路径"按钮即可将选择的路径删除。

3. 重命名路径

双击"路径"控制面板中的路径名，将出现重命名路径文本框，如图 8-118 所示，更改名称后按 Enter 键确认即可，如图 8-119 所示。

图 8-118　　　　　　　　　　　　图 8-119

8.2.11　路径选择工具

"路径选择工具"可以选择单个路径或多个路径，还可以用来组合、对齐和分布路径。选择"路径选择工具"，或按 Shift+A 组合键切换，其属性栏如图 8-120 所示。

图 8-120

8.2.12　直接选择工具

"直接选择工具"用于移动路径中的锚点或线段，还可以用于调整手柄和控制点。路径的原始效果如图 8-121 所示，选择"直接选择工具"，拖曳路径中的锚点改变路径的弧度，效果如图 8-122 所示。

图 8-121　　　　　　　　　　　　图 8-122

8.2.13 填充路径

在图像中创建路径，如图 8-123 所示，然后单击"路径"控制面板右上方的▼≣按钮，在打开的菜单中选择"填充路径"命令，弹出"填充路径"对话框，如图 8-124 所示。设置完成后，单击"确定"按钮用前景色填充路径，效果如图 8-125 所示。

图 8-123 图 8-124 图 8-125

单击"路径"控制面板下方的"用前景色填充路径"按钮 ● ，也可以用前景色填充路径。按住 Alt 键单击"用前景色填充路径"按钮 ● ，将弹出"填充路径"对话框。

8.2.14 描边路径

在图像中创建路径，如图 8-126 所示。单击"路径"控制面板右上方的▼≣按钮，在打开的菜单中选择"描边路径"命令，弹出"描边路径"对话框，再选择"工具"下拉列表中的"画笔"工具，如图 8-127 所示。此下拉列表中共有 19 种工具可供选择，如果在工具栏中已经选择了"画笔"工具，该工具将自动应用于此处。另外，在"画笔工具"属性栏中设定的画笔类型也将直接影响此处的描边效果。设置好后，单击"确定"按钮，描边路径的效果如图 8-128 所示。

单击"路径"控制面板下方的"用画笔描边路径"按钮 ○ 即可描边路径。按住 Alt 键单击"用画笔描边路径"按钮 ○ ，将弹出"描边路径"对话框。

图 8-126 图 8-127 图 8-128

8.3 创建 3D 模型

用户在 Photoshop CS6 中可以将平面图层围绕各种形状预设（如立方体、球面、圆柱、锥形或金字塔等）创建 3D 模型。只有将图层变为 3D 图层，才能使用 3D 工具和 3D 命令。

打开一个文件，如图 8-129 所示。选择"3D > 从图层新建网格 > 网格预设"命令，弹出图 8-130所示的子菜单，选择需要的命令可创建不同的 3D 模型。

| 锥形 |
| 立体环绕 |
| 圆柱体 |
| 圆环 |
| 帽子 |
| 金字塔 |
| 环形 |
| 汽水 |
| 球体 |
| 球面全景 |
| 酒瓶 |

图 8-129   图 8-130

选择各命令创建出的 3D 模型如图 8-131 所示。

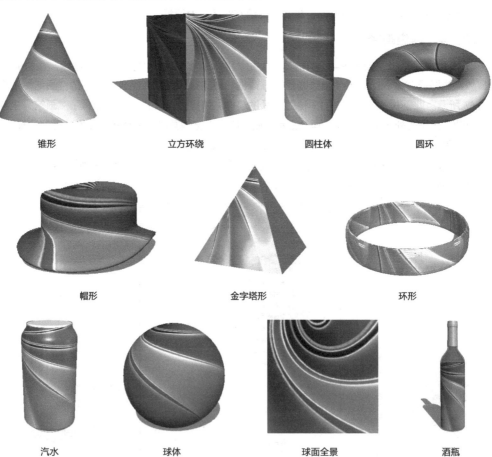

锥形   立方环绕   圆柱体   圆环

帽形   金字塔形   环形

汽水   球体   球面全景   酒瓶

图 8-131

8.4 使用 3D 工具

　　用户在 Photoshop CS6 中使用 3D 工具可以旋转、缩放或调整 3D 模型的位置。当操作 3D 模型时，相机视角保持固定。

　　打开一张包含 3D 模型的图片，如图 8-132 所示。选中 3D 图层，选择"旋转 3D 对象"工具 ，图像窗口中的鼠标指针变为 图标，上下拖曳动可将模型围绕其 x 轴旋转，如图 8-133 所示；左右拖曳可将模型围绕其 y 轴旋转，效果如图 8-134 所示；按住 Alt 键进行拖曳可滚动模型。

图 8-132　　　　　　　　　　　　图 8-133　　　　　　　　　　　　图 8-134

　　选择"滚动 3D 对象"工具 ，图像窗口中的鼠标指针变为 图标，左右拖曳可使模型绕 z 轴旋转，效果如图 8-135 所示。

　　选择"拖动 3D 对象"工具 ，图像窗口中的鼠标指针变为 图标，左右拖曳可沿水平方向移动模型，效果如图 8-136 所示；上下拖曳可沿垂直方向移动模型，效果如图 8-137 所示；按住 Alt 键进行拖曳可沿 x 轴或 z 轴方向移动模型。

图 8-135　　　　　　　　　　　　图 8-136　　　　　　　　　　　　图 8-137

　　选择"滑动 3D 对象"工具 ，图像窗口中的鼠标指针变为 图标，左右拖曳可沿水平方向移动模型，效果如图 8-138 所示；上下拖动可将模型移近或移远，效果如图 8-139 所示，按住 Alt 键进行拖曳可沿 x 轴或 y 轴方向移动模型。

　　选择"缩放 3D 对象"工具 ，图像窗口中的鼠标指针变为 图标，上下拖曳可将模型放大或缩小，如图 8-140 所示；按住 Alt 键进行拖曳可沿 z 轴方向缩放模型。

图 8-138　　　　　　　　　　　　图 8-139　　　　　　　　　　　　图 8-140

8.5 课堂练习——制作蓝色梦幻效果

➕ 练习知识要点

　　使用描边路径命令为路径描边，使用高斯模糊滤镜制作蝴蝶描边的模糊效果，使用椭圆选框工具、羽化命令和混合模式制作暗色边框，蓝色梦幻效果如图 8-141 所示。

➕ 效果所在位置

　　资源包 > Ch08 > 效果 > 制作蓝色梦幻效果 .psd。

制作蓝色梦幻效果

图 8-141

8.6 课后习题——制作炫彩图标

➕ 习题知识要点

　　使用绘图工具绘制插画背景效果，使用椭圆工具和多边形工具绘制图标，使用图层样式制作图标，炫彩图标效果如图 8-142 所示。

➕ 效果所在位置

　　资源包 > Ch08 > 效果 > 制作炫彩图标 .psd。

制作炫彩图标

图 8-142

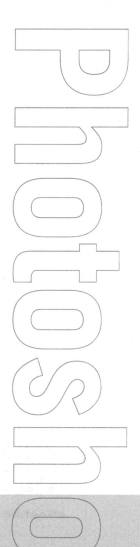

Chapter

9

第9章
调整图像的色彩和色调

本章主要介绍Photoshop CS6中调整图像色彩与色调的多种命令。通过本章的学习，读者可以根据不同的需要使用多种调整命令对图像的色彩或色调进行调整，还可以对图像进行特殊颜色的处理。

课堂学习目标

- 熟练掌握调整图像的色彩与色调的方法
- 掌握特殊颜色的处理技巧

9.1 调整图像色彩与色调

调整图像的色彩是 Photoshop CS6 的强项，也是用户必须要掌握的功能，在实际的设计制作中经常会使用到这项功能。

9.1.1 课堂案例——制作冰蓝色调照片

⊕ 案例学习目标

学习使用调整命令制作冰蓝色调照片。

⊕ 案例知识要点

使用照片滤镜命令和色阶命令调整图像，使用横排文字工具和字符面板添加文字，冰蓝色调照片效果如图 9-1 所示。

⊕ 效果所在位置

资源包 > Ch09 > 效果 > 制作冰蓝色调照片 .psd。

制作冰蓝色调照片

图 9-1

STEP ◀▮1 按 Ctrl+O 组合键，打开资源包中的"Ch09 > 素材 > 制作冰蓝色调照片 > 01"文件，如图 9-2 所示。将"背景"图层拖曳到"图层"控制面板下方的"创建新图层"按钮 ▧ 上进行复制，生成新的"背景 副本"图层，如图 9-3 所示。

图 9-2　　　　　　　　　　　　图 9-3

STEP ◀▮2 选择"图像 > 调整 > 照片滤镜"命令，弹出对话框，选择"颜色"选项，将滤镜颜色设置为蓝色（0、90、255），其他选项的设置如图 9-4 所示，单击"确定"按钮，效果如图 9-5 所示。

STEP ◀▮3 按 Ctrl+L 组合键，弹出"色阶"对话框，选项的设置如图 9-6 所示。单击"通道"选项右侧的下拉按钮 ▾，在打开的菜单中选择"红"选项，切换到相应的对话框，选项的设置如图 9-7 所示；选择"蓝"选项，切换到相应的对话框，选项的设置如图 9-8 所示。单击"确定"按钮，效果如图 9-9 所示。

图 9-4　　　　　　　　　　　图 9-5

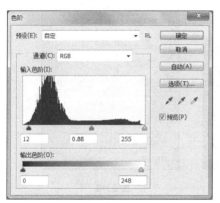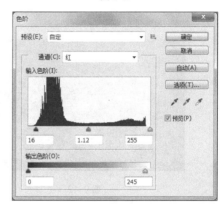

图 9-6　　　　　　　　　　　图 9-7

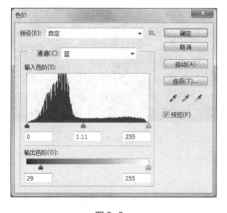

图 9-8　　　　　　　　　　　图 9-9

STEP 04 选择"图像 > 调整 > 亮度 / 对比度"命令，在弹出的对话框中进行设置，如图 9-10 所示。单击"确定"按钮，效果如图 9-11 所示。

图 9-10　　　　　　　　　　　图 9-11

STEP 05 将前景色设为白色。选择"横排文字工具" T ，在适当的位置输入文字并选中文字，在属性栏中选择合适的字体并设置大小，效果如图 9-12 所示，在"图层"控制面板中生成了新的文字图层。选中文字，按 Ctrl+T 组合键弹出"字符"面板，将"设置行距" 纮 (自动) ▼ 设置为 96 点，如图 9-13 所示。按 Enter 键确认操作，效果如图 9-14 所示。

STEP 06 选择"直线工具" ／ ，在属性栏的"选择工具模式"中选择"形状"，将"填充"颜色设为无色、"描边"颜色设为白色、"描边宽度"选项设为 4 点，按住 Shift 键在图像窗口中绘制直线，效果如图 9-15 所示，在"图层"控制面板中生成了新的形状图层。冰蓝色调照片制作完成。

图 9-12

图 9-13

图 9-14

图 9-15

9.1.2 色阶

打开一幅图像，如图 9-16 所示。选择"图像 > 调整 > 色阶"命令，或按 Ctrl+L 组合键，弹出"色阶"对话框，如图 9-17 所示。

图 9-16

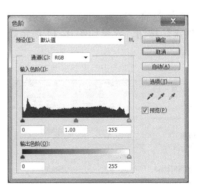

图 9-17

对话框中间是一个直方图，其横坐标为 0~255，表示亮度值，纵坐标为图像的像素数值。

通道：可以从下拉列表中选择不同的颜色通道来调整图像，如果想选择两个以上的色彩通道，要先在"通道"控制面板中选择所需要的通道，再调出"色阶"对话框。

输入色阶：控制图像选定区域的最暗色彩和最亮色彩，可输入数值或拖曳三角滑块来调整图像。左侧的数值框和黑色滑块用于调整黑色，图像中低于该亮度值的所有像素将变为黑色。中间的数值框和灰色滑块用于调整灰度，其数值范围为 0.01~9.99，1.00 为中性灰度，数值大于 1.00 时，将降低图像中间灰度，小于 1.00 时，将提高图像中间灰度。右侧的数值框和白色滑块用于调整白色，图像中高于该亮度值的所有像素将变为白色。

调整"输入色阶"选项的 3 个滑块后，图像产生的不同色彩效果如图 9-18 所示。

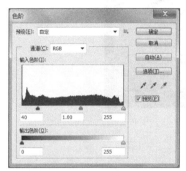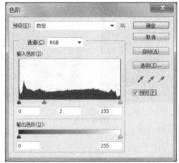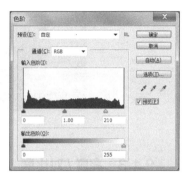

图 9-18

输出色阶：可以输入数值或拖曳三角滑块来控制图像的亮度范围。左侧数值框和黑色滑块用于调整图像的最暗像素的亮度，右侧数值框和白色滑块用于调整图像的最亮像素的亮度。对"输出色阶"选项的调整将增加图像的灰度，降低图像的对比度。

调整"输出色阶"选项的两个滑块后，图像产生的不同色彩效果如图 9-19 所示。

自动：可自动调整图像并设置层次。

选项：单击此按钮，弹出"自动颜色校正选项"对话框，Photoshop 将以 0.10% 色阶来对图像进行加亮和变暗。

取消：按住 Alt 键，"取消"按钮将转换为"复位"按钮，单击此按钮可以将调整过的色阶还原，重新进行设置。

 ：3 个吸管工具分别为黑色吸管工具、灰色吸管工具和白色吸管工具。选中黑色吸管工具，在图像中单击，图像中暗于单击点的所有像素都会变为黑色。用灰色吸管工具在图像中单击，单击点的像素都会变为灰色，图像中的其他颜色也会相应地调整。用白色吸管工具在图像中单击，图像中亮于单击点的所有像素都会变为白色。双击任一吸管工具，在弹出的对话框中可设置吸管吸取的颜色。

预览：勾选此复选框，可以即时显示图像的调整结果。

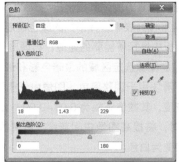

图 9-19

9.1.3 亮度/对比度

使用"亮度/对比度"命令可调整整个图像的色彩。打开一幅图像，如图 9-20 所示，选择"图像 > 调整 > 亮度/对比度"命令，弹出"亮度/对比度"对话框，如图 9-21 所示。在对话框中，可以通过拖曳亮度滑块或对比度滑块来调整图像的亮度或对比度，单击"确定"按钮，调整后的图像效果如图 9-22 所示。

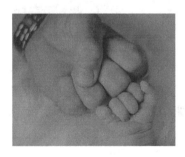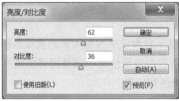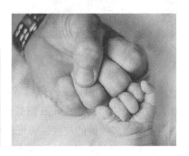

图 9-20   图 9-21   图 9-22

9.1.4 色彩平衡

选择"图像 > 调整 > 色彩平衡"命令，或按 Ctrl+B 组合键，弹出"色彩平衡"对话框，如图 9-23 所示。

色彩平衡：用于添加过渡色来平衡色彩效果，拖曳滑块可以调整整个图像的色彩，也可以在"色阶"数值框中直接输入数值调整图像的色彩。

色调平衡：用于选取图像的阴影、中间调和高光。

保持明度：用于保持原图像的明度。

设置不同的色彩平衡后，图像的效果如图 9-24 所示。

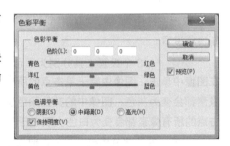

图 9-23

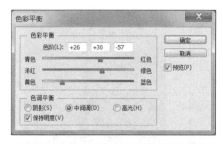

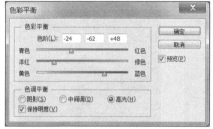

图 9-24

9.1.5 反相

选择"图像 > 调整 > 反相"命令，或按 Ctrl+I 组合键，可以将图像或选区的像素反转为其补色，使其呈现底片效果。不同色彩模式的图像反相后的效果如图 9-25 所示。

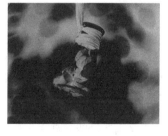

原始图像　　　　　　　　RGB 色彩模式反相后的效果　　　　　CMYK 色彩模式反相后的效果

图 9-25

 提 示

反相是对图像的每一个色彩通道进行反相后进行合成，不同色彩模式的图像反相后的效果是不同的。

9.1.6 照片滤镜

"照片滤镜"命令用于模仿传统相机的滤镜效果来处理图像，调整图像的颜色可以获得各种丰富的效果。

打开一幅图像，选择"图像 > 调整 > 照片滤镜"命令，弹出"照片滤镜"对话框，如图 9-26 所示。

滤镜：用于选择颜色调整的过滤模式。

颜色：单击此选项的图标，弹出"选择滤镜颜色"对话框，可以在对话框中设置精确的颜色值对图像进行过滤。

浓度：拖动此选项的滑块，可设置过滤颜色的百分比。

保留明度：勾选此复选框进行颜色调整时，图像的白色部分颜色保持不变；取消勾选此复选框，则图像的全部颜色都将改变，效果如图 9-27 所示。

图 9-26

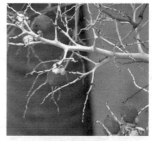

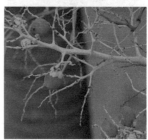

图 9-27

9.1.7 课堂案例——制作主题宣传海报

➕ 案例学习目标

学习使用渐变映射命令制作主题宣传海报。

➕ 案例知识要点

使用渐变工具填充背景，使用钢笔工具绘制多边形，使用移动工具移动图像，使用渐变映射命令调整人物图像，主题宣传海报效果如图 9-28 所示。

➕ 效果所在位置

资源包 > Ch09 > 效果 > 制作主题宣传海报 .psd。

图 9-28

制作主题宣传海报

STEP 🕐1 按 Ctrl+N 组合键，弹击"新建"对话框，设置宽度为 30 厘米、高度为 34.9 厘米、分辨率为 300 像素 / 英寸、背景内容为白色，单击"确定"按钮新建一个文件。

STEP 🕐2 选择"渐变工具"，单击属性栏中的编辑渐变按钮，弹出"渐变编辑器"对话框，在"位置"中分别输入 0、50、100 三个位置点，并分别设置三个位置点颜色的 RGB 值为 0（202、229、242）、50（249、248、208）、100（202、227、204），如图 9-29 所示。单击"确定"按钮，在图像窗口中由右下角至左上角填充渐变色，效果如图 9-30 所示。

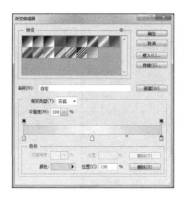

图 9-29　　　　　　　　　　　图 9-30

STEP 选择"文件 > 置入"命令，弹出"置入"对话框，选择资源包中的"Ch09 > 素材 > 制作主题宣传海报 > 01"文件，单击"置入"按钮，将图片置入图像窗口中，调整其位置和大小，按 Enter 键确认操作，效果如图 9-31 所示。将"图层"控制面板中新生成的图层命名为"人物 1"，在"人物 1"图层上右击，在打开的快捷菜单中选择"栅格化图层"命令栅格化图像，如图 9-32 所示。

图 9-31　　　　　　　　　　　图 9-32

STEP 选择"图像 > 调整 > 黑白"命令，在弹出的对话框中进行设置，如图 9-33 所示，单击"确定"按钮，效果如图 9-34 所示。在"图层"控制面板上方，将"人物 1"图层的混合模式设为"正片叠底"，将"不透明度"设为 80%，如图 9-35 所示。按 Enter 键确认操作，效果如图 9-36 所示。

STEP 选择"图像 > 调整 > 渐变映射"命令，弹出"渐变映射"对话框，单击编辑渐变按钮，弹出"渐变编辑器"对话框，将渐变色设为从橘黄色（255、83、16）到白色，如图 9-37 所示。单击"确定"按钮，返回"渐变映射"对话框，再单击"确定"按钮，效果如图 9-38 所示。

图 9-33　　　　　　　　　　图 9-34　　　　　　　　　　图 9-35

图 9-36 　　　　　　　　　 图 9-37 　　　　　　　　　 图 9-38

STEP 06 单击"图层"控制面板下方的"添加图层蒙版"按钮 为图层添加蒙版，如图 9-39 所示。选择"渐变工具" ，单击属性栏中的编辑渐变按钮 ，弹出"渐变编辑器"对话框，将渐变色设为从黑色到白色，如图 9-40 所示，单击"确定"按钮。在 01 图像下方从下向上填充渐变色，效果如图 9-41 所示。

图 9-39 　　　　　　　　　 图 9-40 　　　　　　　　　 图 9-41

STEP 07 选择"文件 > 置入"命令，弹出"置入"对话框，选择资源包中的"Ch09 > 素材 > 制作主题宣传海报 > 02"文件，单击"置入"按钮，将图片置入图像窗口中，调整其位置和大小，如图 9-42 所示。

STEP 08 在图片上右击，在打开的快捷菜单中选择"水平翻转"命令水平翻转图像，按 Enter 键确认操作，效果如图 9-43 所示。将"图层"控制面板中新生成的图层命名为"人物 2"，在该图层上右击，在打开的快捷菜单中选择"栅格化图层"命令栅格化图像，如图 9-44 所示。

图 9-42 　　　　　　　　　 图 9-43 　　　　　　　　　 图 9-44

STEP 09 选择"图像 > 调整 > 黑白"命令，在弹出的对话框中进行设置，如图 9-45 所示，单击"确定"按钮，效果如图 9-46 所示。在"图层"控制面板上方，将"人物 2"图层的混合模式设为"正片叠底"、将"不透明度"设为 60%，如图 9-47 所示。按 Enter 键确认操作，效果如图 9-48 所示。

STEP 10 选择"图像 > 调整 > 渐变映射"命令，弹出"渐变映射"对话框，单击编辑渐变按钮，弹出"渐变编辑器"对话框，将渐变色设为从绿色（0、233、164）到白色，如图 9-49 所示。单击"确定"按钮，返回"渐变映射"对话框，再单击"确定"按钮，效果如图 9-50 所示。

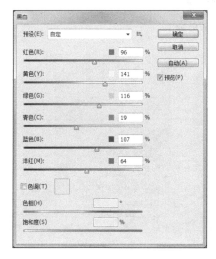

图 9-45

图 9-46

图 9-47

图 9-48

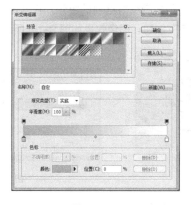

图 9-49

图 9-50

STEP 11 按 Ctrl+O 组合键，打开资源包中的"Ch09 > 素材 > 制作主题宣传海报 > 03"文件。选择"移动工具"，将 03 图像拖曳到新建的图像窗口中适当的位置，效果如图 9-51 所示，将"图层"控制面板中新生成的图层命名为"文字"。

STEP 12 将前景色设为橙色（255、144、0）。选择"横排文字工具"，在适当的位置输入文字并选中文字，在属性栏中选择合适的字体并设置大小，单击"右对齐文本"按钮，效果如图 9-52 所示，在"图层"控制面板中生成了新的文字图层。

STEP 13 按 Ctrl+T 组合键，弹出"字符"面板，将"设置行距" (自动) 设置为 63 点、"设置所选字符的字距调整" 0 设置为 50，单击"全部大写字母"按钮，如图 9-53 所示。按 Enter 键确认操作，效果如图 9-54 所示。主题宣传海报制作完成，效果如图 9-55 所示。

图 9-51 　　　　　　　　　　图 9-52

图 9-53 　　　　　　　图 9-54 　　　　　　　图 9-55

9.1.8　渐变映射

原始图像效果如图 9-56 所示。选择"图像 > 调整 > 渐变映射"命令，弹出"渐变映射"对话框，如图 9-57 所示。单击"灰度映射所用的渐变"选项的色带，在弹出的"渐变编辑器"对话框中设置渐变色，如图 9-58 所示。单击"确定"按钮，图像效果如图 9-59 所示。

图 9-56 　　　　　　　　　　　　　　图 9-57

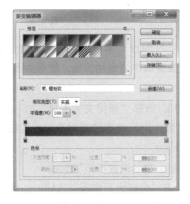

图 9-58 　　　　　　　　　　　　　　图 9-59

灰度映射所用的渐变：用于选择不同的渐变形式。

仿色：用于为转变色阶后的图像增加仿色。

反向：用于将转变色阶后的图像颜色反转。

9.1.9 色相 / 饱和度

原始图像效果如图 9-60 所示。选择"图像 > 调整 > 色相 / 饱和度"命令，或按 Ctrl+U 组合键，弹出"色相 / 饱和度"对话框，在对话框中进行设置，如图 9-61 所示，单击"确定"按钮后图像的效果如图 9-62 所示。

图 9-60　　　　　　　　　　　图 9-61　　　　　　　　　　　图 9-62

预设：用于选择要调整的色彩范围，可以拖曳各选项中的滑块调整图像的色相、饱和度和明度。

着色：用于在由灰度模式转化而来的图像中添加需要的颜色。

原始图像效果如图 9-63 所示。在"色相 / 饱和度"对话框中进行设置，勾选"着色"复选框，如图 9-64 所示，单击"确定"按钮后图像的效果如图 9-65 所示。

图 9-63　　　　　　　　　　　图 9-64　　　　　　　　　　　图 9-65

9.1.10 阴影 / 高光

图像原始效果如图 9-66 所示。选择"图像 > 调整 > 阴影 / 高光"命令，弹出"阴影 / 高光"对话框，在对话框中进行设置，如图 9-67 所示，单击"确定"按钮后图像的效果如图 9-68 所示。

 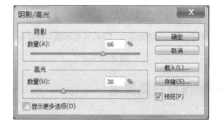 

图 9-66　　　　　　　　　　　图 9-67　　　　　　　　　　　图 9-68

9.1.11 变化

选择"图像 > 调整 > 变化"命令，弹出"变化"对话框，如图9-69所示。

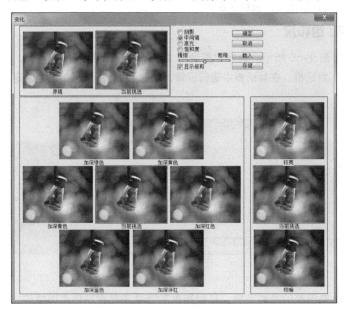

图9-69

在"变化"对话框中，上方前4个选项可以控制图像色彩的改变范围，下方的滑块用于设置调整的等级。左上方的两幅图像显示的是图像的原始效果和调整后的效果。左下方是7幅小图像，用于增加不同的颜色效果，调整图像的亮度、饱和度等色彩值。右侧是3幅小图像，用于调整图像的亮度。勾选"显示修剪"复选框，在图像色彩调整超出色彩空间时将显示超色域。

9.1.12 色调均化

"色调均化"命令用于调整图像或选区像素的过黑部分，使图像变得明亮，并将图像中其他的像素平均分配在亮度色谱中。选择"图像 > 调整 > 色调均化"命令，不同色彩模式的图像将产生不同的效果，如图9-70所示。

原始图像　　　　　RGB色彩模式色调均化的效果　　　CMYK色彩模式色调均化的效果　　　LAB色彩模式色调均化的效果

图9-70

9.1.13 课堂案例——制作夏日风景照

⊕ 案例学习目标

学习使用调整命令制作夏日风景照。

案例知识要点

使用曲线命令和可选颜色命令调整图像色调，使用横排文字工具添加文字，夏日风景照效果如图 9-71 所示。

效果所在位置

资源包 > Ch09 > 效果 > 制作夏日风景照 .psd。

制作夏日风景照

图 9-71

STEP 1 按 Ctrl+O 组合键，打开资源包中的"Ch09 > 素材 > 制作夏日风格照片 > 01"文件，如图 9-72 所示。将"背景"图层拖曳到"图层"控制面板下方的"创建新图层"按钮 上进行复制，生成新的"背景 副本"图层，如图 9-73 所示。

STEP 2 选择"钢笔工具" ，在属性栏的"选择工具模式"中选择"路径"，在图像窗口中沿着人物轮廓绘制路径，如图 9-74 所示。按 Ctrl+Enter 组合键将路径转化为选区，如图 9-75 所示。

图 9-72　　　　　　　　　　图 9-73

图 9-74　　　　　　　　　　图 9-75

STEP 3 选择"选择 > 修改 > 收缩"命令，在弹出的对话框中进行设置，如图 9-76 所示，单击"确定"按钮，效果如图 9-77 所示。按 Ctrl+J 组合键将选区中的图像复制到新的图层中，并将图层命名为"人物"，如图 9-78 所示。

STEP 4 选择"图像 > 调整 > 可选颜色"命令，在弹出的对话框中进行设置，如图 9-79 所示。单击"颜色"选项右侧的下拉按钮 ，在打开的下拉列表中选择"黄色"选项，切换到相应的对话框进行设置，如图 9-80 所示。

图 9-76　　　　　　　　　　　图 9-77　　　　　　　　　　　图 9-78

图 9-79　　　　　　　　　　　　　　　　图 9-80

STEP 05 选择"绿色"选项，切换到相应的对话框进行设置，如图 9-81 所示。选择"青色"选项，切换到相应的对话框进行设置，如图 9-82 所示。

图 9-81　　　　　　　　　　　　　　　　图 9-82

STEP 06 选择"蓝色"选项，切换到相应的对话框进行设置，如图 9-83 所示。单击"确定"按钮，效果如图 9-84 所示。

图 9-83　　　　　　　　　　　　　　　　图 9-84

STEP 07 选择"图像 > 调整 > 曲线"命令,弹出"曲线"对话框,在曲线上单击添加控制点,将"输入"选项设为 143,"输出"选项设为 163,如图 9-85 所示。在曲线上单击添加一个控制点,将"输入"选项设为 76,"输出"选项设为 67,如图 9-86 所示。单击"确定"按钮,效果如图 9-87 所示。

STEP 08 将前景色设为白色。选择"横排文字工具" T,在适当的位置输入文字并选中文字,在属性栏中选择合适的字体并设置大小,效果如图 9-88 所示,在"图层"控制面板中生成了新的文字图层。夏日风景照制作完成。

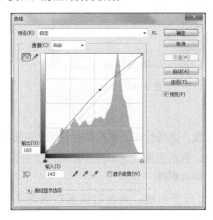

图 9-85 图 9-86

图 9-87

图 9-88

9.1.14 曲线

"曲线"命令可以通过调整图像色彩曲线上的任意一个像素点来改变图像的色彩范围。打开一幅图像,如图 9-89 所示。选择"图像 > 调整 > 曲线"命令,或按 Ctrl+M 组合键,弹出"曲线"对话框,如图 9-90 所示。在图像中单击并按住鼠标左键不放,如图 9-91 所示,"曲线"对话框中的曲线上将显示出一个小圆圈,它表示图像中单击处的像素数值,效果如图 9-92 所示。

图 9-89

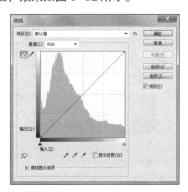

图 9-90

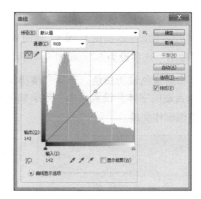

图 9-91   图 9-92

通道：用于选择调整图像的颜色通道。

图表中的 x 轴为色彩的输入值，y 轴为色彩的输出值，曲线代表了输入和输出色阶的关系。

编辑点以修改曲线 ：在默认状态下选择此工具，在图表曲线上单击可以增加控制点，拖曳控制点可以改变曲线的形状，拖曳控制点到图表外可以将控制点删除。

通过绘制来修改曲线 ：可以在图表中绘制出任意曲线，单击对话框右侧的"平滑"按钮 可使曲线变得平滑，按住 Shift 键使用此工具可以绘制出直线。

"输入"选项和"输出"选项的数值显示的是图表中鼠标指针所在位置的亮度值。

自动 ：可自动调整图像的亮度。

设置不同的曲线，图像效果如图 9-93 所示。

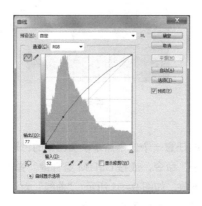

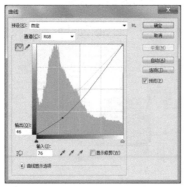

图 9-93

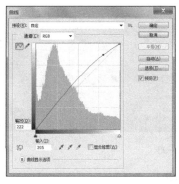

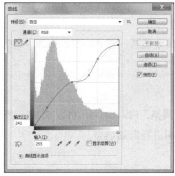

图 9-93（续）

9.1.15 可选颜色

原始图像效果如图 9-94 所示。选择"图像 > 调整 > 可选颜色"命令，弹出"可选颜色"对话框，在对话框中进行设置，如图 9-95 所示。单击"确定"按钮，效果如图 9-96 所示。

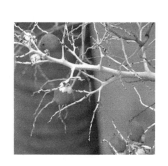

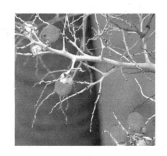

图 9-94　　　　　　　　　　图 9-95　　　　　　　　　　图 9-96

颜色：在下拉列表中可以选择图像中含有的不同色彩，拖曳滑块可以调整青色、洋红、黄色、黑色的百分比。

方法：确定调整方法是"相对"或"绝对"。

9.1.16 曝光度

原始图像效果如图 9-97 所示。选择"图像 > 调整 > 曝光度"命令，弹出"曝光度"对话框，在对话框中进行设置，如图 9-98 所示。单击"确定"按钮即可调整图像的曝光度，效果如图 9-99 所示。

曝光度：调整色彩范围的高光端，对阴影的影响很小。

位移：使阴影和中间调变暗，对高光的影响很小。

 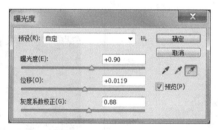 

图 9-97   图 9-98   图 9-99

灰度系数校正：使用乘方函数调整图像灰度系数。

9.1.17 自动对比度

"自动对比度"命令可以对图像的对比度进行自动调整。按 Alt+Shift+Ctrl+L 组合键，可以对图像的对比度进行自动调整。

9.1.18 自动色调

"自动色调"命令可以对图像的色调进行自动调整，Photoshop 将以 0.10% 色调来对图像进行加亮和压暗。按 Shift+Ctrl+L 组合键，可以对图像的色调进行自动调整。

9.1.19 自动颜色

"自动颜色"命令可以对图像的色彩进行自动调整。按 Shift+Ctrl+B 组合键，可以对图像的色彩进行自动调整。

9.2 特殊颜色处理

使用特殊颜色处理命令可以使图像产生丰富的变化。

9.2.1 课堂案例——制作唯美风景画

⊕ 案例学习目标

学习使用特殊颜色处理命令制作唯美风景画。

⊕ 案例知识要点

使用通道混合器命令和黑白命令调整图像，唯美风景画如图 9-100 所示。

⊕ 效果所在位置

资源包 > Ch09 > 效果 > 制作唯美风景画 .psd。

图 9-100

制作唯美风景画

STEP 01 按 Ctrl+O 组合键，打开资源包中的"Ch08 > 素材 > 制作唯美风景画 > 01"文件，如图 9-101 所示。将"背景"图层拖曳到"图层"控制面板下方的"创建新图层"按钮 ▣ 上进行复制，生成新的"背景 副本"图层，如图 9-102 所示。

图 9-101   图 9-102

STEP 02 选择"图像 > 调整 > 通道混合器"命令，在弹出的对话框中进行设置，如图 9-103 所示。单击"确定"按钮，效果如图 9-104 所示。

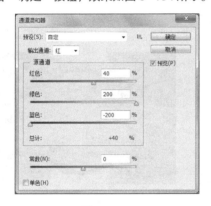

图 9-103   图 9-104

STEP 03 按 Ctrl+J 组合键，复制"背景 副本"图层，将新生成的图层命名为"黑白"。选择"图像 > 调整 > 黑白"命令，在弹出的对话框中进行设置，如图 9-105 所示。单击"确定"按钮，效果如图 9-106 所示。

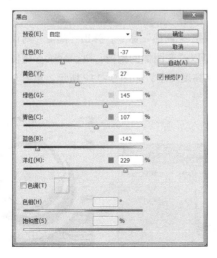

图 9-105   图 9-106

STEP 14 在"图层"控制面板上方，将"黑白"图层的混合模式设为"滤色"，如图 9–107
所示，图像效果如图 9–108 所示。

图 9-107   图 9-108

STEP 15 按 Shift+Ctrl+E 组合键盖印图层，并将新图层命名为"效果"。选择"图像 > 调整 >
色相/饱和度"命令，在弹出的对话框中进行设置，如图 9–109 所示。单击"确定"按钮，效果如
图 9–110 所示。唯美风景画制作完成。

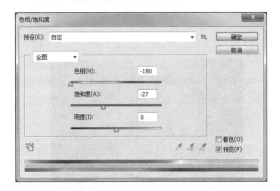

图 9-109   图 9-110

9.2.2 去色

选择"图像 > 调整 > 去色"命令，或按 Shift+Ctrl+U 组合键，可以去除图像中的色彩，使其变为
灰度图，但图像的色彩模式并未改变。"去色"命令也可以对图像的选区使用，将选区中的图像去色。

9.2.3 阈值

原始图像效果如图 9–111 所示。选择"图像 > 调整 > 阈值"命令，弹出"阈值"对话框。在对话
框中拖曳滑块或在"阈值色阶"数值框中输入数值，可以改变图像的阈值，Photoshop 将使大于阈值的
像素变为白色，小于阈值的像素变为黑色，使图像具有高度反差，如图 9–112 所示。单击"确定"按钮，
图像效果如图 9–113 所示。

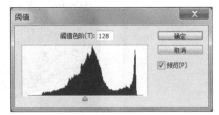

图 9-111   图 9-112   图 9-113

9.2.4 色调分离

原始图像效果如图 9-114 所示。选择"图像 > 调整 > 色调分离"命令，在弹出的"色调分离"对话框中进行设置，如图 9-115 所示。单击"确定"按钮，图像效果如图 9-116 所示。

色阶：可以指定色阶数，Photoshop 将以 256 阶的亮度对图像中的像素亮度进行分配，色阶数值越高，图像产生的变化越小。

图 9-114	图 9-115	图 9-116

9.2.5 替换颜色

"替换颜色"命令能够将图像中的颜色进行替换。原始图像效果如图 9-117 所示。选择"图像 > 调整 > 替换颜色"命令，弹出"替换颜色"对话框。用吸管工具在图像中吸取要替换的玫瑰红色，然后将要替换的颜色设置为蓝色，再设置"替换"选项组中其他的选项，调整图像的色相、饱和度和明度，如图 9-118 所示。单击"确定"按钮，玫瑰红色被替换为蓝色，效果如图 9-119 所示。

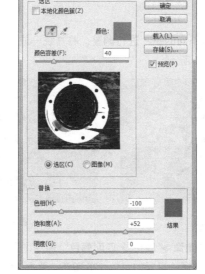

图 9-117	图 9-118	图 9-119

选区：用于设置"颜色容差"选项的数值，数值越大吸管工具取样的颜色范围越大，在"替换"选项组中调整图像颜色的效果越明显。勾选"选区"单选项，可以创建蒙版。

9.2.6 通道混合器

原始图像效果如图 9-120 所示。选择"图像 > 调整 > 通道混合器"命令，弹出"通道混合器"对话框，在对话框中进行设置，如图 9-121 所示。单击"确定"按钮，效果如图 9-122 所示。

输出通道：可以选择要修改的通道。

源通道：拖曳颜色滑块可调整图像。

常数：可以通过拖曳滑块调整图像。

单色：可创建灰度模式的图像。

图 9-120   图 9-121   图 9-122

 提示

所选图像的色彩模式不同，则"通道混合器"对话框中的内容也不同。

9.2.7 匹配颜色

"匹配颜色"命令用于对色调不同的图片进行调整，将其统一成一个协调的色调。打开两幅不同色调的图像，如图 9-123 和图 9-124 所示。

图 9-123   图 9-124

选中需要调整的图片，选择"图像 > 调整 > 匹配颜色"命令，弹出"匹配颜色"对话框，在"源"选项中选择匹配文件的名称，其他选项的设置如图 9-125 所示。单击"确定"按钮，效果如图 9-126 所示。

目标图像："目标"选项中显示了所选匹配文件的名称。如果当前调整的图像中有选区，勾选"应用调整时忽略选区"复选框，可以忽略图像中的选区调整整张图像的颜色；不勾选"应用调整时忽略选区"复选框，可以调整图像中选区内的颜色，效果如图 9-127 和图 9-128 所示。

图像选项：可以拖动滑块来调整图像的明亮度、颜色强度、渐隐的数值，"中和"选项用于确定调整的方式。

图像统计：用于设置图像的颜色来源。

图 9-125

图 9-126

图 9-127

图 9-128

9.3 课堂练习——制作温馨生活照片

练习知识要点

使用可选颜色命令和曝光度命令调整图片的颜色，温馨生活照片效果如图 9-129 所示。

效果所在位置

资源包 > Ch09 > 效果 > 制作温馨生活照片 .psd。

图 9-129

制作温馨生活照片

9.4 课后习题——制作绿茶宣传照片

习题知识要点

使用亮度 / 对比度命令和色彩平衡命令调整图片颜色，使用横排文字工具添加主题文字，使用图层样式为文字添加特殊效果，绿茶宣传照片如图 9-130 所示。

效果所在位置

资源包 > Ch09 > 效果 > 制作绿茶宣传照片 .psd。

图 9-130

制作绿茶宣传照片

Chapter

10

第10章
图层的应用

本章主要介绍Photoshop CS6中图层的基本知识及应用技巧，讲解混合模式、图层样式、填充图层、调整图层、图层复合、盖印图层、智能对象图层等知识。通过本章的学习，读者可以用图层制作出多变的图像效果，也可以快速为图像添加样式效果，还可以单独对智能对象图层进行编辑。

课堂学习目标

- 掌握图层混合模式和图层样式的使用方法
- 掌握填充图层和调整图层的应用技巧
- 了解图层复合、盖印图层、智能对象图层的相关知识

10.1 图层的混合模式

图层的混合模式在图像处理及效果制作中应用广泛，特别是在多个图像合成方面更有独特的作用及灵活性。

10.1.1 课堂案例——制作合成特效

⊕ **案例学习目标**

学习使用图层混合模式制作合成特效。

⊕ **案例知识要点**

使用混合模式、图层蒙版和画笔工具制作图片融合效果，使用横排文字工具和图层样式制作文字，合成特效效果如图 10-1 所示。

⊕ **效果所在位置**

资源包 > Ch10 > 效果 > 制作合成特效 .psd。

图 10-1

制作合成特效

STEP ☑1 按 Ctrl+O 组合键，打开资源包中的"Ch10 > 素材 > 制作合成特效 > 01、02"文件，如图 10-2 和图 10-3 所示。选择"移动工具" ▶+，将 02 图像拖曳到 01 图像窗口中适当的位置，并调整其大小。将"图层"控制面板中新生成的图层命名为"人物"。

图 10-2

图 10-3

STEP ☑2 在"图层"控制面板上方，将该图层的混合模式设为"叠加"，如图 10-4 所示，图像效果如图 10-5 所示。

STEP ☑3 单击"图层"控制面板下方的"添加图层蒙版"按钮 ▣，为图层添加蒙版，如图 10-6 所示。将前景色设为黑色。选择"画笔工具" ✓，在工具属性栏中单击画笔选项右侧的下拉按钮 ·，再打开"画笔预设"选取器，选项设置如图 10-7 所示。在图像窗口中拖曳鼠标指针擦除不需要的图像，效果如图 10-8 所示。

图 10-4

图 10-6

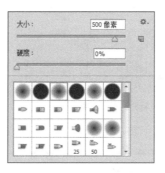

图 10-7

STEP 选择"横排文本工具" T，在图像窗口中输入文字并选中文字，在属性栏中选择合适的字体并设置大小，效果如图 10-9 所示，在"图层"控制面板中生成了新的文字图层。选择"窗口 > 字符"命令，在弹出的"字符"控制面板中进行设置，如图 10-10 所示。按 Enter 键确认操作，文字效果如图 10-11 所示。

图 10-8

图 10-9

图 10-10

图 10-11

STEP 05 单击"图层"控制面板下方的"添加图层样式"按钮 _fx_.，在打开的菜单中选择"外发光"命令，再在弹出的对话框中进行设置，如图 10-12 所示。单击"确定"按钮，效果如图 10-13 所示。合成特效制作完成。

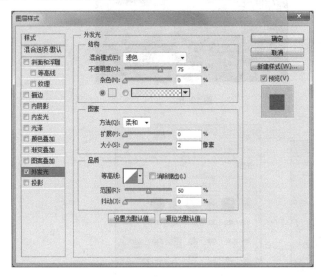
图 10-12

图 10-13

10.1.2 图层混合模式

图层的混合模式命令用于为图层添加不同的模式，能使图像产生不同的效果。

在"图层"控制面板中，"设置图层的混合模式"选项用于设定图层的混合模式，它包含 27 种模式。打开一幅图像，如图 10-14 所示，此时的"图层"控制面板如图 10-15 所示。

图 10-14

图 10-15

对"人物"图层应用不同的图层模式后，不同的图像效果如图 10-16 所示。

正常

溶解

变暗

正片叠底

颜色加深

图 10-16

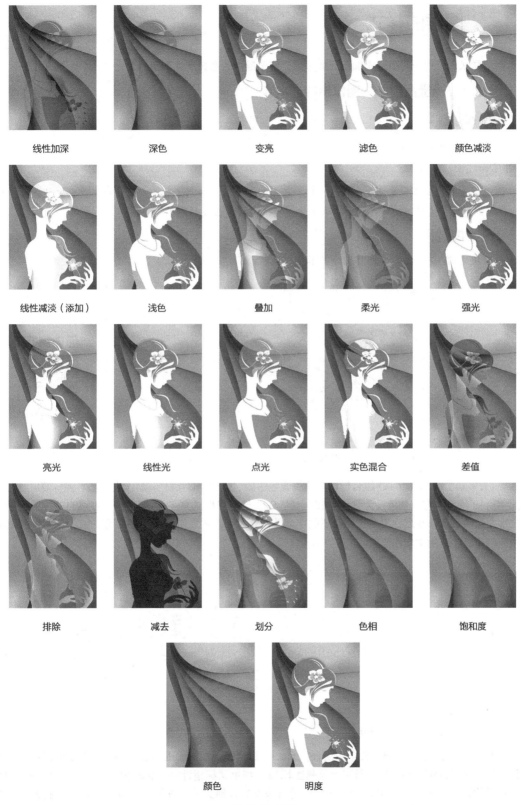

线性加深 深色 变亮 滤色 颜色减淡

线性减淡（添加） 浅色 叠加 柔光 强光

亮光 线性光 点光 实色混合 差值

排除 减去 划分 色相 饱和度

颜色 明度

图 10-16（续）

10.2 图层的样式

图层样式命令用于为图层添加不同的效果，使图层中的图像产生丰富的变化。

10.2.1 课堂案例——制作趣味艺术字

案例学习目标

学习使用图层样式制作趣味艺术字。

案例知识要点

使用横排文字工具和变换命令制作文字，使用矩形工具、椭圆工具、矩形选框工具和定义图案命令绘制和定义图案，使用图层样式制作趣味文字，趣味艺术字效果如图 10-17 所示。

效果所在位置

资源包 > Ch10 > 效果 > 制作趣味艺术字 .psd。

图 10-17

制作趣味艺术字

STEP 1 按 Ctrl+O 组合键，打开资源包中的“Ch10 > 素材 > 制作趣味艺术字 > 01”文件，如图 10-18 所示。将前景色设为红色（255、0、0）。选择“横排文字工具” T，在适当的位置分别输入文字并选中文字，在属性栏中选择合适的字体并设置大小，效果如图 10-19 所示，在“图层”控制面板中分别生成了新的文字图层。

图 10-18

图 10-19

STEP 2 选中“H”文字图层，按 Ctrl+T 组合键，图像周围出现变换框，将鼠标指针放在变换框的控制手柄外侧，当鼠标指针变为旋转图标，拖曳鼠标指针将图像旋转到适当的角度，按 Enter 键确认操作，效果如图 10-20 所示。用相同的方法旋转其他文字，效果如图 10-21 所示。将文字图层同时选中，按 Ctrl+E 组合键合并图层，并将新生成的图层命名为“文字”，如图 10-22 所示。

图 10-20　　　　　　　　　　　　图 10-21　　　　　　　　　　　　图 10-22

STEP　3 选择"矩形工具" ，在属性栏的"选择工具模式"中选择"形状"，将"填充"颜色设为白色，在图像窗口中拖曳鼠标指针绘制矩形，效果如图 10-23 所示，在"图层"控制面板中生成了新的形状图层"矩形 1"。

STEP　4 选择"椭圆工具" ，在属性栏中将"填充"颜色设为无、"描边"颜色设为深红色（230、0、18）、"描边粗细"选项设为 5.7 点。按住 Shift 键在图像窗口中拖曳鼠标指针绘制圆形，效果如图 10-24 所示，在"图层"控制面板中生成了新的形状图层"椭圆 1"。

STEP　5 在属性栏中单击"路径操作"按钮 ，在弹出的面板中选择"减去顶层形状"。按住 Shift 键在图像窗口中拖曳鼠标指针绘制圆形，效果如图 10-25 所示。按住 Ctrl 键单击"矩形 1"图层的缩览图，在图像窗口中生成选区，如图 10-26 所示。

图 10-23　　　　　　图 10-24　　　　　　图 10-25　　　　　　图 10-26

STEP　6 选择"编辑 > 定义图案"命令，在弹出的对话框中进行设置，如图 10-27 所示，单击"确定"按钮定义图案。按 Ctrl+D 组合键取消选择选区。用 Delete 键，将"矩形 1"图层和"椭圆 1"图层删除。

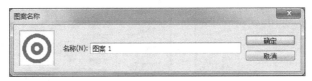

图 10-27

STEP　7 单击"图层"控制面板下方的"添加图层样式"按钮 ，在打开的菜单中选择"斜面和浮雕"命令，弹出"图层样式"对话框，单击"光泽等高线"右侧的图标 ，然后在弹出的"等高线编辑器"对话框中进行设置，如图 10-28 所示。单击"确定"按钮，返回"斜面和浮雕"对话框，将"高光模式"的颜色设为浅蓝色（203、226、255），其他选项的设置如图 10-29 所示。

STEP　8 选择"等高线"选项，切换到相应的对话框，单击"等高线"右侧的下拉按钮 ，在打开的面板中选择需要的等高线，如图 10-30 所示，其他选项的设置如图 10-31 所示。选择"描边"选项，切换到相应的对话框，将"填充类型"选项设为渐变，单击"渐变"选项右侧的编辑渐变按钮 ，弹出"渐变编辑器"对话框，将渐变色设为从暗红色（82、4、4）到红色（249、

133、133），如图 10-32 所示。单击"确定"按钮返回"图层样式"对话框，其他选项的设置如图 10-33 所示。

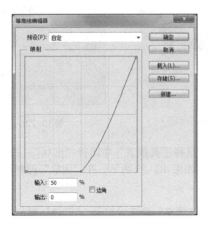

图 10-28

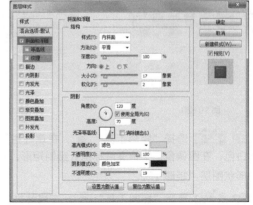

图 10-29

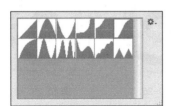

图 10-30

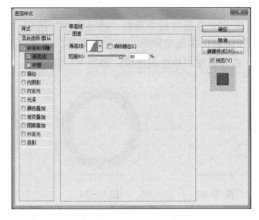

图 10-31

图 10-32

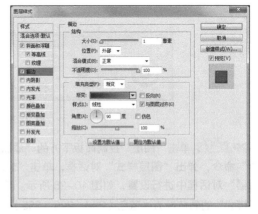

图 10-33

STEP 09 选择"内阴影"选项，切换到相应的对话框，将阴影颜色设为深红色（121、4、29），其他选项的设置如图 10-34 所示。选择"内发光"选项，切换到相应的对话框，将发光颜色设为红色（255、78、0），其他选项的设置如图 10-35 所示。

STEP 10 选择"图案叠加"选项,切换到相应的对话框,单击"图案"选项右侧的图标 ,
在打开的面板中选择定义的图案,其他选项的设置如图 10-36 所示。选择"外发光"选项,切换到相应
的对话框,将发光颜色设为棕色(188、118、61),其他选项的设置如图 10-37 所示。

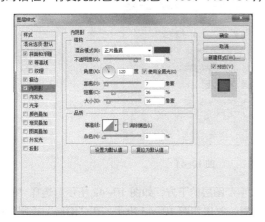

图 10-34

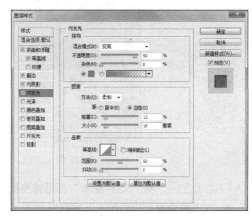

图 10-35

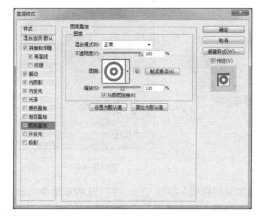

图 10-36

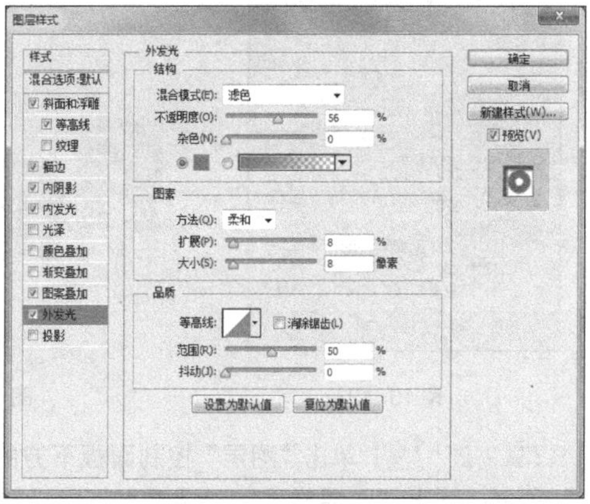

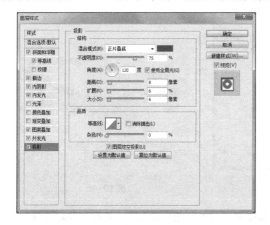

图 10-37

STEP 11 选择"投影"选项,切换到相应的对话框,将投影颜色设为深红色(128、44、3),
其他选项的设置如图 10-38 所示。单击"确定"按钮,效果如图 10-39 所示。

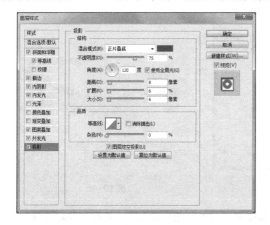

图 10-38

图 10-39

STEP 12 按两次 Ctrl+J 组合键复制两个图层，如图 10-40 所示。将副本图层的图层样式拖曳到"图层"控制面板下方的"删除图层"按钮 🗑 上删除，如图 10-41 所示。

图 10-40　　　　　　　　　　　图 10-41

STEP 13 将"文字 副本"图层拖曳到"文字"图层的下方，如图 10-42 所示。选择"移动工具" ▶♣，在图像窗口中将副本文字拖曳到适当的位置，效果如图 10-43 所示。在"图层"控制面板上方，将该图层的"填充"选项设为 0%，如图 10-44 所示。

图 10-42　　　　　　　　图 10-43　　　　　　　　图 10-44

STEP 14 单击"图层"控制面板下方的"添加图层样式"按钮 ƒx，在打开的菜单中选择"外发光"命令，弹出"图层样式"对话框，将发光颜色设为白色，其他选项的设置如图 10-45 所示。单击"确定"按钮，效果如图 10-46 所示。

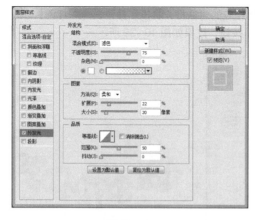

图 10-45　　　　　　　　　　　图 10-46

STEP 15 将"文字 副本 2"图层拖曳到"背景"图层的上方。选择"移动工具" ▶♣，在图像窗口中将副本文字拖曳到适当的位置，效果如图 10-47 所示。单击"图层"控制面板下方的"添加图层样式"按钮 fx., 在弹出的菜单中选择"颜色叠加"命令, 弹出"图层样式"对话框, 将叠加颜色设为白色, 其他选项的设置如图 10-48 所示。单击"确定"按钮, 效果如图 10-49 所示。

STEP ⤴16 按 Ctrl+O 组合键, 打开资源包中的"Ch10 > 素材 > 制作趣味艺术字 > 02"文件。选择"移动工具" ▸⊕, 将 02 图像拖曳到 01 图像窗口中的适当位置并调整其大小, 如图 10-50 所示。将"图层"控制面板中新生成的图层命名为"笑脸"。趣味艺术字制作完成。

 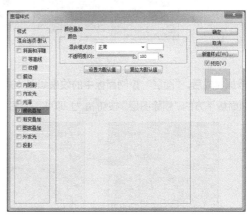

图 10-47　　　　　　　　　　　　　　　　图 10-48

图 10-49　　　　　　　　　　　　　　　　图 10-50

10.2.2　样式控制面板

"样式"控制面板用于存储各种图层特效, 并可以将图层特效快速地套用在要编辑的对象中, 这样可以节省操作步骤和操作时间。

选中要添加样式的图层, 如图 10-51 所示。选择"窗口 > 样式"命令, 弹出"样式"控制面板, 单击其右上方的 ▤ 按钮, 在打开的菜单中选择"摄影效果"命令, 弹出提示对话框, 如图 10-52 所示。单击"确定"按钮, 样式被载入到控制面板中, 选择"鲜红色斜面"样式, 如图 10-53 所示, 图形被添加上样式的效果如图 10-54 所示。

图 10-51　　　　　　　　　　　　　　　　图 10-52

图 10-53   图 10-54

样式添加完成后，"图层"控制面板中的效果如图 10-55 所示。如果要删除其中某个样式，将其拖曳到"图层"控制面板下方的"删除图层"按钮 🗑 上即可，如图 10-56 所示，删除样式后的效果如图 10-57 所示。

图 10-55   图 10-56   图 10-57

10.2.3　图层样式

Photoshop CS6 提供了多种图层样式供用户选择，用户可以单独为图像添加一种样式，也可同时为图像添加多种样式。

单击"图层"控制面板右上方的 按钮打开菜单，选择"混合选项"命令，弹出"图层样式"对话框，如图 10-58 所示。此对话框用于对当前图层进行特殊效果的处理。单击对话框左侧的任意选项，将切换到相应的效果对话框。

还可以单击"图层"控制面板下方的"添加图层样式"按钮 *fx*，打开菜单如图 10-59 所示。

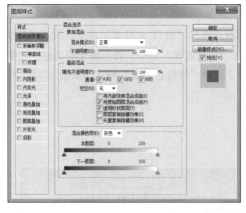

图 10-58   图 10-59

"斜面和浮雕"命令用于使图像产生倾斜与浮雕的效果，"描边"命令用于为图像描边，"内阴影"命令用于使图像内部产生阴影效果，如图 10-60 所示。

斜面和浮雕 　　　　　　　　描边 　　　　　　　　内阴影

图 10-60

"内发光"命令用于在图像的边缘内部产生辉光效果，"光泽"命令用于使图像产生带有光泽的效果，"颜色叠加"命令用于使图像产生颜色叠加效果，效果如图 10-61 所示。

内发光 　　　　　　　　光泽 　　　　　　　　颜色叠加

图 10-61

"渐变叠加"命令用于使图像产生渐变叠加效果，"图案叠加"命令用于在图像上添加图案效果，效果如图 10-62 所示。

"外发光"命令用于在图像的边缘外部产生辉光效果，"投影"命令用于使图像产生阴影效果，效果如图 10-63 所示。

渐变叠加 　　　　　　图案叠加 　　　　　　外发光 　　　　　　投影

图 10-62 　　　　　　　　　　　　　　　图 10-63

10.3 填充和调整图层

应用填充和调整图层命令可以通过多种方式对图像进行填充和调整，使图像产生不同的效果。

10.3.1 课堂案例——制作街头涂鸦效果

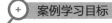 案例学习目标

学习使用合成工具和面板制作街头涂鸦效果。

(+) 案例知识要点

使用色阶调整层调整背景图片，使用快速选择工具、反选命令、剪贴蒙版和混合模式为墙壁添加涂

鸦，使用色相 / 饱和度调整层调整涂鸦效果，街头涂鸦效果如图 10-64 所示。

🔍 效果所在位置

资源包 > Ch10 > 效果 > 制作街头涂鸦效果 .psd。

图 10-64

制作街头涂鸦效果

STEP 🐾1 按 Ctrl+O 组合键，打开资源包中的"Ch10 > 素材 > 制作街头涂鸦效果 > 01"文件，如图 10-65 所示。按 Ctrl+J 组合键复制图层。

STEP 🐾2 单击"图层"控制面板下方的"创建新的填充或调整图层"按钮 ⊘，在打开的菜单中选择"色阶"命令，在"图层"控制面板中生成了"色阶 1"图层，在弹出的"色阶"控制面板中进行设置，如图 10-66 所示。按 Enter 键确认操作，效果如图 10-67 所示。

图 10-65

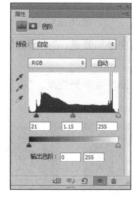
图 10-66

图 10-67

STEP 🐾3 将"色阶 1"图层拖曳到"图层 1"图层的下方，如图 10-68 所示。选中"图层 1"图层，选择"快速选择工具" 🖌，在图像窗口中绘制选区，如图 10-69 所示。按 Shift+Ctrl+I 组合键反选选区，如图 10-70 所示。按 Delete 键删除选区中的图像，取消选择选区，效果如图 10-71 所示。

图 10-68

图 10-69

STEP 🐾4 按 Ctrl+O 组合键，打开资源包中的"Ch10 > 素材 > 制作街头涂鸦效果 > 02"文件。选择"移动工具" ➤，将 02 图像拖曳到 01 图像中适当的位置并调整其大小，如图 10-72 所示。按

Alt+Ctrl+G 组合键创建剪贴蒙版，图像效果如图 10-73 所示。

图 10-70

图 10-71

图 10-72

图 10-73

STEP 05 在"图层"控制面板上方，将该图层的混合模式设为"点光"，如图 10-74 所示，图像效果如图 10-75 所示。

图 10-74

图 10-75

STEP 06 单击"图层"控制面板下方的"创建新的填充或调整图层"按钮，在打开的菜单中选择"色相 / 饱和度"命令，在"图层"控制面板中生成了"色相 / 饱和度 1"图层，在弹出的"色相 / 饱和度"控制面板中进行设置，如图 10-76 所示。按 Enter 键确认操作，效果如图 10-77 所示。街头涂鸦效果制作完成。

图 10-76

图 10-77

10.3.2　填充图层

需要新建填充图层时，选择"图层 > 新建填充图层"命令，或单击"图层"控制面板下方的"创建新的填充和调整图层"按钮 ，打开的菜单中有新建填充图层的 3 种方式，如图 10-78 所示，选择其中的一种方式，将弹出"新建图层"对话框。这里以"渐变填充"为例，如图 10-79 所示，单击"确定"按钮，将弹出"渐变填充"对话框，如图 10-80 所示，再单击"确定"按钮，"图层"控制面板和图像的效果分别如图 10-81 和图 10-82 所示。

图 10-78　　　　　　　　　　　图 10-79　　　　　　　　　　　图 10-80

图 10-81　　　　　　　　　　　图 10-82

10.3.3　调整图层

需要对一个或多个图层的色彩进行调整时，选择"图层 > 新建调整图层"命令，或单击"图层"控制面板下方的"创建新的填充或调整图层"按钮 ，打开的菜单中有新建调整图层的多种方式，如图 10-83 所示，选择其中的一种方式，将弹出"新建图层"对话框。选择不同的调整方式，将弹出不同的调整对话框。以"色相 / 饱和度"为例，其对话框和面板分别如图 10-84 和如图 10-85 所示。按 Enter 键确认操作，"图层"控制面板和图像的效果分别如图 10-86、图 10-87 所示。

图 10-83　　　　　　　　　　　图 10-84　　　　　　　　　　　图 10-85

图 10-86   图 10-87

10.4 图层复合、盖印图层与智能对象图层

使用"图层复合""盖印图层""智能对象图层"命令可以提高制作图像的效率,快速制作出想要的效果。

10.4.1 图层复合

图层复合用于将同一文件中的不同图层效果组合并另存为多个"图层效果组合",可以对不同的图层复合的效果进行对比。

1. 图层复合与图层复合控制面板

"图层复合"控制面板可将同一文件中的不同图层效果组合并另存为多个"图层效果组合",可以更加方便、快捷地展示和比较不同图层组合的视觉效果。

设计好的图像效果如图 10-88 所示,此时的"图层"控制面板如图 10-89 所示。选择"窗口 > 图层复合"命令,弹出"图层复合"控制面板,如图 10-90 所示。

图 10-88   图 10-89   图 10-90

2. 创建图层复合

单击"图层复合"控制面板右上方的 ▼≡ 按钮,在打开的菜单中选择"新建图层复合"命令,弹出"新建图层复合"对话框,如图 10-91 所示。单击"确定"按钮,建立"图层复合 1",如图 10-92 所示。"图层复合 1"中存储的是当前图像的效果。

3. 应用和查看图层复合

对图像进行修饰和编辑,图像效果如图 10-93 所示,"图层"控制面板如图 10-94 所示。选择"新建图层复合"命令,建立"图层复合 2",如图 10-95 所示。"图层复合 2"中存储的是图像修饰和编辑后的效果。

图 10-91　　　　　　　　　　　　　图 10-92

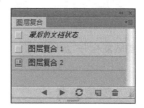

图 10-93　　　　　　　图 10-94　　　　　　　图 10-95

4. 导出图层复合

在"图层复合"控制面板中，单击"图层复合 1"左侧的方框，显示 ▣ 图标，如图 10-96 所示，可以观察"图层复合 1"中的图像，效果如图 10-97 所示；单击"图层复合 2"左侧的方框，显示 ▣ 图标，如图 10-98 所示，可以观察"图层复合 2"中的图像，效果如图 10-99 所示。

图 10-96　　　　　　图 10-97　　　　　　图 10-98　　　　　　图 10-99

单击"应用选中的上一图层复合"按钮 ◀ 和"应用选中的下一图层复合"按钮 ▶，可以快速地切换两次图像编辑效果。

10.4.2　盖印图层

盖印图层用于将图像窗口中所有显示出来的图像合并到一个新的图层中。

在"图层"控制面板中选中一个可见图层，如图 10-100 所示。按 Ctrl+Alt+Shift+E 组合键，将每个图层中的图像复制并合并到一个新的图层中，如图 10-101 所示。

提示

在执行此操作时，必须选中一个可见图层，否则将无法执行。

图 10-100　　　　　　　　　　图 10-101

10.4.3　智能对象图层

智能对象的全称为智能对象图层。智能对象可以将一个或多个图层，甚至是一个矢量图形文件包含在 Photoshop 文件中。以智能对象形式嵌入 Photoshop 文件中的位图或矢量图形文件与当前的 Photoshop 文件能够保持相对独立，当对 Photoshop 文件进行修改或对智能对象进行变形、旋转时，不会影响嵌入的位图或矢量图形文件。

1. 创建智能对象

选择"文件 > 置入"命令可以为当前的图像文件置入一个矢量图形文件或位图文件。

选中一个或多个图层后，选择"图层 > 智能对象 > 转换为智能对象"命令，可以将选中的图层转换为智能对象图层。

在 Illustrator 中对矢量对象进行复制，再回到 Photoshop 中将复制的对象进行粘贴，可以创建智能对象。

2. 编辑智能对象

智能对象以及"图层"控制面板中的效果分别如图 10-102、图 10-103 所示。

双击"植物"图层的缩览图，Photoshop CS6 将打开一个新文件，即智能对象"植物"，如图 10-104 所示。此智能对象文件包含一个普通图层，如图 10-105 所示。

图 10-102　　　　　　　　图 10-103　　　　　　　　图 10-104

在智能对象文件中对图像进行修改并保存，效果如图 10-106 所示，修改将影响此智能对象文件嵌入的图像的最终效果，如图 10-107 所示。

图 10-105　　　　　　　　图 10-106　　　　　　　　图 10-107

10.5 课堂练习——制作青春艺术照片

⊕ 练习知识要点

　　使用色阶和曲线调整层更改图片颜色，使用图案填充命令制作底纹效果，使用横排文字工具和图层样式制作文字，青春艺术照片效果如图 10-108 所示。

⊕ 效果所在位置

　　资源包 > Ch10 > 效果 > 制作青春艺术照片 .psd。

图 10-108

制作青春艺术照片

10.6 课后习题——制作沙滩宣传文字

⊕ 习题知识要点

　　使用横排文字工具添加文字，使用图层样式制作透明效果，使用自定形状工具绘制装饰图形，沙滩宣传文字效果如图 10-109 所示。

⊕ 效果所在位置

　　资源包 > Ch10 > 效果 > 制作沙滩宣传文字 .psd。

图 10-109

制作沙滩宣传文字

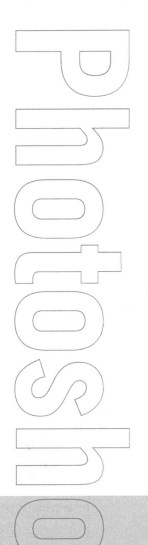

第11章
应用文字

本章主要介绍Photoshop CS6中文字的应用技巧。通过本章的学习，读者能掌握文字的输入与编辑方法，以及变形文字和路径文字的使用技巧。

课堂学习目标

- 熟练掌握文字的输入和编辑技巧

- 熟练掌握创建变形文字与路径文字的技巧

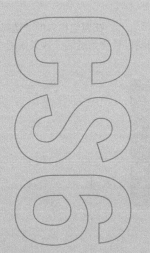

11.1 文字的输入与编辑

文字工具可以输入文字，"字符"控制面板可以对文字进行调整。

11.1.1 课堂案例——制作房地产宣传广告

案例学习目标

学习使用横排文字工具添加广告文字。

案例知识要点

使用绘图工具绘制插画背景，使用横排文字工具和图层样式制作标题文字，使用直线工具和自定形状工具绘制装饰图形，使用横排文字工具添加宣传文字，房地产宣传广告效果如图 11-1 所示。

效果所在位置

资源包 > Ch11 > 效果 > 制作房地产宣传广告 .psd。

图 11-1

制作房地产宣传广告

STEP 1 按 Ctrl+N 组合键，弹出"新建"对话框，设置宽度为 21 厘米、高度为 29.7 厘米、分辨率为 300 像素 / 英寸、颜色模式为 RGB、背景内容为白色，单击"确定"按钮新建一个文件。

STEP 2 按 Ctrl+O 组合键，打开资源包中的"Ch11 > 素材 > 制作房地产宣传广告 > 01"文件。选择"移动工具" ，将 01 图像拖曳到新建文件中适当的位置，效果如图 11-2 所示，将"图层"控制面板中新生成的图层命名为"楼盘"。

STEP 3 新建图层并将其命名为"形状 1"。选择"钢笔工具" ，在属性栏中的"选择工具模式"中选择"路径"，在图像窗口中绘制路径。按 Ctrl+Enter 组合键将路径转化为选区，效果如图 11-3 所示。

图 11-2   图 11-3

STEP 4 选择"渐变工具" , 单击属性栏中的编辑渐变按钮 , 弹出"渐变编辑器"对话框, 将渐变色设为从墨绿色（15、76、75）到绿色（41、133、134）, 如图 11-4 所示, 单击"确定"按钮。按住 Shift 键在选区中从下向上填充渐变色, 效果如图 11-5 所示。按 Ctrl+D 组合键取消选择选区。

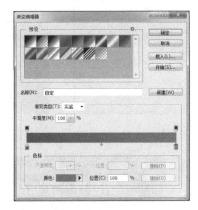

图 11-4   图 11-5

STEP 5 将前景色设为绿色（104、175、41）。选择"钢笔工具" , 在属性栏中的"选择工具模式"中选择"形状", 在图像窗口中绘制图形, 效果如图 11-6 所示, 在"图层"控制面板中生成了新的图层"形状 2"。

STEP 6 选择"椭圆工具" , 按住 Shift 键在图像窗口中绘制圆形。在属性栏中将"填充"颜色设为蓝色（0、183、238）, 效果如图 11-7 所示, 在"图层"控制面板中生成了新图层"椭圆 1"。在"图层"控制面板上方, 将该图层的"不透明度"设为 34%, 效果如图 11-8 所示, 按 Enter 键确认操作。用相同的方法绘制其他圆形, 填充适当的颜色并设置不透明度, 图像效果如图 11-9 所示。

图 11-6   图 11-7   图 11-8   图 11-9

STEP 7 将前景色设为白色。选择"横排文字工具" , 在图像窗口中输入文字并选中文字, 在属性栏中选择合适的字体并设置大小, 效果如图 11-10 所示, 在"图层"控制面板中生成了新的文字图层。

STEP 8 单击"图层"控制面板下方的"添加图层样式"按钮 , 在弹出的菜单中选择"投影"命令, 在弹出的对话框中进行设置, 如图 11-11 所示, 单击"确定"按钮, 效果如图 11-12 所示。

STEP 9 新建图层并将其命名为"直线"。选择"直线工具" , 在属性栏中的"选择工具模式"中选择"像素", 将"粗细"选项设为 8 像素。按住 Shift 键, 在图像窗口中拖曳鼠标指针绘制直线, 效果如图 11-13 所示。选择"移动工具" , 按住 Alt+Shift 组合键, 水平向右拖曳直线到适当的位置复制直线, 效果如图 11-14 所示。

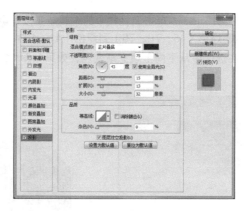

图 11-10   图 11-11   图 11-12

图 11-13   图 11-14

STEP 10 选择"横排文字工具" T，在图像窗口中输入文字并选中文字，在属性栏中选择合适的字体并设置文字大小，效果如图 11-15 所示，在"图层"控制面板中生成了新的文字图层。

图 11-15

STEP 11 单击"图层"控制面板下方的"添加图层样式"按钮 fx，在打开的菜单中选择"投影"命令，在弹出的对话框中进行设置，如图 11-16 所示。单击"确定"按钮，效果如图 11-17 所示。

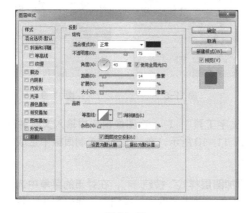

图 11-16   图 11-17

STEP 12 用上述方法添加其他文字，效果如图 11-18 所示。按 Ctrl+O 组合键，打开资源包中的"Ch11 > 素材 > 制作房地产宣传广告 > 02"文件。选择"移动工具" ，将 02 图片拖曳到图像窗口适当的位置，效果如图 11-19 所示，将"图层"控制面板中新生成的图层命名为"花纹"。

图 11-18   图 11-19

STEP 13 单击"图层"控制面板下方的"添加图层样式"按钮 **fx.**，在打开的菜单中选择"投影"命令，在弹出的对话框中进行设置，如图 11-20 所示。单击"确定"按钮，效果如图 11-21 所示。

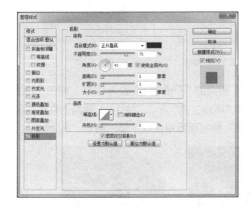

图 11-20   图 11-21

STEP 14 选择"横排文字工具" **T**，在图像窗口中输入文字并选中文字，在属性栏中选择合适的字体并设置大小，设置文字颜色为金黄色（235、182、113），效果如图 11-22 所示，在"图层"控制面板中生成了新的文字图层。

STEP 15 单击"图层"控制面板下方的"添加图层样式"按钮 **fx.**，在打开的菜单中选择"投影"命令，在弹出的对话框中进行设置，如图 11-23 所示。单击"确定"按钮，效果如图 11-24 所示。

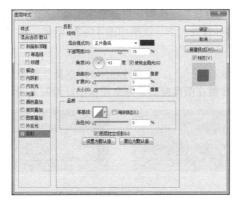

图 11-22   图 11-23   图 11-24

STEP 16 新建图层并将其命名为"鸟"。将前景色设为黄绿色（224、245、142）。选择"自定形状工具" **♣**，选择属性栏中的"形状"选项，弹出"形状"面板，单击面板右上方的 ✿. 按钮，在打开的菜单中选择"动物"选项，弹出提示对话框，单击"追加"按钮。在面板中选择需要的图形，如

图 11-25 所示。按住 Shift 键拖曳鼠标指针绘制图形，效果如图 11-26 所示。

STEP 17 按 Ctrl+T 组合键，图像周围出现变换框，将鼠标指针放在控制手柄的外侧，鼠标指针变为旋转图标↰，拖曳鼠标指针将图形旋转到适当的角度。拖曳右侧中间和下方中间的控制手柄调整图形，按 Enter 键确认操作，效果如图 11-27 所示。

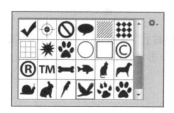

图 11-25	图 11-26	图 11-27

STEP 18 在"图层"控制面板上方，将"鸟"图层的"不透明度"设为 31%，如图 11-28 所示，按 Enter 键确认操作，图像效果如图 11-29 所示。选择"移动工具" ⊕，按住 Alt 键向上拖曳鼠标指针复制图像并调整其大小，效果如图 11-30 所示，在"图层"控制面板中生成了新的图层"鸟 副本"。

图 11-28	图 11-29	图 11-30

STEP 19 将前景色设为白色。选择"横排文字工具" T，在图像窗口中输入文字并选中文字，在属性栏中选择合适的字体并设置大小，效果如图 11-31 所示，在"图层"控制面板中分别生成了新的文字图层。

STEP 20 选择"直线工具" ╱，在属性栏中的"选择工具模式"选项中选择"形状"，将"粗细"选项设为 5 像素，按住 Shift 键在图像窗口中拖曳鼠标指针绘制直线，效果如图 11-32 所示。

楼盘地址：京北市门头沟区德哈街白鹭雅苑售楼部
售楼热线：0240-89**89**

楼盘地址：京北市门头沟区德哈街白鹭雅苑售楼部
售楼热线：0240-89**89**

图 11-31	图 11-32

STEP 21 按 Ctrl+O 组合键，打开资源包中的"Ch11 > 素材 > 制作房地产宣传广告 > 03"文件。选择"移动工具" ⊕，将 03 图片拖曳到图像窗口中适当的位置，效果如图 11-33 所示，将"图层"控制面板中新生成的图层命名为"LOGO"。

STEP 22 选择"横排文字工具" T，在图像窗口中输入文字并选中文字，在属性栏中选择合适的字体并设置大小，效果如图 11-34 所示，在"图层"控制面板中生成了新的文字图层。房地产宣传广告制作完成，效果如图 11-35 所示。

图 11-33

图 11-34

图 11-35

11.1.2 输入水平、垂直文字

选择"横排文字工具" T ，或按 T 键，其属性栏如图 11-36 所示。

图 11-36

切换文本取向 ：用于切换文字输入的方向。

 ：用于设定文字的字体及属性。

 ：用于设定字体的大小。

 ：用于消除文字的锯齿，包括"无""锐利""犀利""浑厚""平滑"5 个选项。

 ：用于设定文字的段落格式，分别是左对齐、居中对齐和右对齐。

 ：用于设置文字的颜色。

创建文字变形 ：用于对文字进行变形。

切换字符和段落面板 ：用于打开"段落"和"字符"控制面板。

取消所有当前编辑 ：用于取消对文字的操作。

提交所有当前编辑 ：用于确定对文字的操作。

使用"直排文字工具" ，可以在图像中建立垂直文本，其属性栏和"横排文字工具"属性栏的功能基本相同。

11.1.3 创建文字形状选区

"横排文字蒙版工具" 可以在图像中建立文本选区，其属性栏和文字工具属性栏的功能基本相同。

"直排文字蒙版工具" 可以在图像中建立垂直文本选区，属性栏和文字工具属性栏的功能基本相同。

11.1.4 字符设置

"字符"控制面板用于编辑文本字符。选择"窗口 > 字符"命令，弹出"字符"控制面板，如图 11-37 所示。

在控制面板中，第一栏选项用于设置字符的字体和样式；第二栏选项用于设置字符的大小、行距、两个字符间的字距微调和字距；第三栏选项

图 11-37

用于设置所选字符的比例间距；第四栏选项用于设置字符垂直方向的长度、水平方向的长度、基线偏移和字符颜色；第五栏按钮用于设置字符的形式；第六栏选项用于设置字典和消除字符的锯齿。

单击字体选项 宋体 右侧的下拉按钮，在打开的下拉列表中可以选择字体。在设置字体大小选项 12点 的数值框中输入数值，或单击选项右侧的下拉按钮，在打开的下拉列表中可以选择字体大小的数值。

在垂直缩放选项 T 100% 的数值框中输入数值，可以调整字符的高度，效果如图 11-38 所示。

数值为 100% 时文字效果

数值为 150% 时文字效果

数值为 200% 时文字效果

图 11-38

在设置行距选项 (自动) 的数值框中输入数值，或单击选项右侧的下拉按钮，在打开的下拉列表中选择需要的行距数值，可以调整文本段落的行距，效果如图 11-39 所示。

数值为 36 时的文字效果

数值为 60 时的文字效果

数值为 18 时的文字效果

图 11-39

在水平缩放选项 T 100% 的数值框中输入数值，可以调整字符的宽度，效果如图 11-40 所示。

数值为 100% 时的文字效果

数值为 120% 时的文字效果

数值为 180% 时的文字效果

图 11-40

在设置所选字符的比例间距选项 0% 的下拉列表中选择百分比数值，可以对所选字符的比例间距进行细微的调整，效果如图 11-41 所示。

数值为 0% 时的文字效果 　　　　　数值为 100% 时的文字效果

图 11-41

在设置所选字符的字距调整选项 0 的数值框中输入数值，或单击选项右侧的下拉按钮，在打开的下拉列表中选择字距数值，可以调整文本段落的字距。输入正值时，字距增大；输入负值

时，字距缩小，效果如图 11-42 所示。

数值为 0 时的效果　　　数值为 100 时的效果　　　数值为 -100 时的效果

图 11-42

使用"横排文字工具"在两个字符间单击，插入光标，在设置两个字符间的字距微调选项 VA 0 的数值框中输入数值，或单击选项右侧的下拉按钮 ，在打开的下拉列表中选择需要的字距数值。输入正值时，字符的间距增大；输入负值时，字符的间距缩小，效果如图 11-43 所示。

数值为 0 时的文字效果　　　数值为 200 时的文字效果　　　数值为 -200 时的文字效果

图 11-43

选中字符，在设置基线偏移选项 A 0 点 的数值框中输入数值，可以使字符上下移动。输入正值时，使水平的字符上移，使垂直的字符右移；输入负值时，使水平的字符下移，使垂直的字符左移，效果如图 11-44 所示。

选中字符　　　数值为 20 时的文字效果　　　数值为 -20 时的文字效果

图 11-44

在设置文本颜色图标颜色: ██ 上单击，弹出"选择文本颜色"对话框，在对话框中设置需要的颜色后，单击"确定"按钮，可以改变文字的颜色。

设定字符形式 T T Tr Tr T¹ T₁ T F：从左到右依次为"仿粗体"按钮 T 、"仿斜体"按钮 T 、"全部大写字母"按钮 TT 、"小型大写字母"按钮 Tr 、"上标"按钮 T¹ 、"下标"按钮 T₁ 、"下画线"按钮 T 和"删除线"按钮 F 。单击不同的形式按钮，不同形式的效果如图 11-45 所示。

正常效果　　　仿粗体效果　　　仿斜体效果

图 11-45

全部大写字母效果 小型大写字母效果 上标效果

下标效果 下画线效果 删除线效果

图 11-45（续）

单击语言设置选项 美国英语 右侧的按钮，在打开的下拉列表中可以选择需要的字典。字典主要用于拼写检查和连字的设定。

消除锯齿的方法选项 锐利 中包括无、锐利、犀利、浑厚和平滑 5 种消除锯齿的方法。

11.1.5 输入段落文字

建立段落文字图层就是以段落文字框的方式建立文字图层。选择"横排文字工具" T，将鼠标指针移动到图像窗口中，鼠标指针变为 图标。单击并按住鼠标左键不放，拖曳鼠标指针在图像窗口中创建一个段落定界框，如图 11-46 所示，插入点显示在定界框的左上角。段落定界框具有自动换行的功能，如果输入的文字较多，则当文字遇到定界框时，会自动换到下一行显示，输入文字后的效果如图 11-47 所示。

如果输入的文字需要分段落，可以按 Enter 键进行操作，还可以对定界框进行旋转、拉伸等操作。

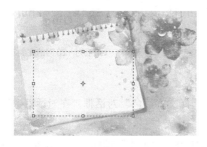

图 11-46 图 11-47

11.1.6 段落设置

"段落"控制面板用于编辑文本段落。选择"窗口 > 段落"命令，弹出"段落"控制面板，如图 11-48 所示。

：用于调整文本段落中每行的对齐方式，分别为左对齐、中间对齐、右对齐。

：用于调整段落的对齐方式，分别为段落最后一行左对齐、段落最后一行中间对齐、段落最后一行右对齐。

图 11-48

全部对齐▤：用于设置整个段落中的行两端对齐。

左缩进→▤：在数值框中输入数值可以设置段落左端的缩进量。

右缩进▤←：在数值框中输入数值可以设置段落右端的缩进量。

首行缩进⁺▤：在数值框中输入数值可以设置段落第一行的左端缩进量。

段前添加空格⁺▤：在数值框中输入数值可以设置当前段落与前一段落的距离。

段后添加空格▤⁺：在数值框中输入数值可以设置当前段落与后一段落的距离。

避头尾法则设置、间距组合设置：用于设置段落的样式。

连字：用于确定文字是否用连字符连接。

11.1.7　栅格化文字

"图层"控制面板中的文字图层如图 11-49 所示，选择"文字 > 栅格化文字图层"命令，可以将文字图层转换为图像图层，如图 11-50 所示。也可以右击文字图层，在打开的快捷菜单中选择"栅格化文字"命令。

图 11-49　　　　　　　　　　　　图 11-50

11.1.8　载入文字的选区

使用文字工具在图像窗口中输入文字后，在"图层"控制面板中会自动生成文字图层，如果需要文字的选区，可以将此文字图层载入选区。按住 Ctrl 键单击文字图层的缩览图，即可载入文字选区。

11.2　创建变形文字与路径文字

在 Photoshop CS6 中，使用"创建变形文字"命令与"路径文字"命令可以制作出多样的变形文字。

11.2.1　课堂案例——制作音乐宣传卡

⊕ 案例学习目标

学习使用创建变形文字命令制作变形文字。

⊕ 案例知识要点

使用横排文字工具输入文字，使用创建变形文字命令制作变形文字，使用图层样式为文字添加特殊效果，音乐宣传卡效果如图 11-51 所示。

⊕ 效果所在位置

资源包 > Ch11 > 效果 > 制作音乐宣传卡 .psd。

制作音乐宣传卡

图 11-51

STEP 🔲**1** 按 Ctrl+O 组合键，打开资源包中的"Ch11 > 素材 > 制作音乐宣传卡 > 01"文件，如图 11-52 所示。按 Ctrl+O 组合键，打开资源包中的"Ch11 > 素材 > 制作音乐宣传卡 > 02"文件。选择"移动工具" 🔲，将 02 图像拖曳到 01 图像窗口中适当的位置，效果如图 11-53 所示，将"图层"控制面板中新生成的图层命名为"音乐符"。

图 11-52　　　　　　　　　　　　　　　　图 11-53

STEP 🔲**2** 选择"横排文字工具" 🔲，输入文字并选中文字，在属性栏中选择合适的字体并设置文字大小，填充适当的颜色，效果如图 11-54 所示，在"图层"控制面板中生成了新的文字图层。单击属性栏中的"创建文字变形"按钮 🔲，弹出"变形文字"对话框，选项的设置如图 11-55 所示。单击"确定"按钮，效果如图 11-56 所示。

图 11-54　　　　　　　　　　图 11-55　　　　　　　　　　图 11-56

STEP 🔲**3** 单击"图层"控制面板下方的"添加图层样式"按钮 🔲，在打开的菜单中选择"内阴影"命令，在弹出的对话框中进行设置，如图 11-57 所示；选择"外发光"选项，切换到相应的对话框，选项的设置如图 11-58 所示；选择"描边"选项，切换到相应的对话框，将描边颜色设为白色，其他选项的设置如图 11-59 所示。单击"确定"按钮，效果如图 11-60 所示。

STEP 🔲**4** 将前景色设为蓝色（1、156、208）。选择"横排文字工具" 🔲，输入文字并选中文字，在属性栏中选择合适的字体并设置文字大小，效果如图 11-61 所示，在"图层"控制面板中生成了新的文字图层。单击"图层"控制面板下方的"添加图层样式"按钮 🔲，在打开的菜单中选择"外发光"命令，在弹出的对话框中进行设置，如图 11-62 所示。

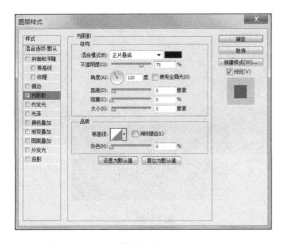

图 11-57

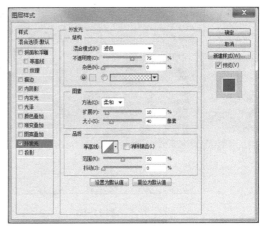

图 11-58

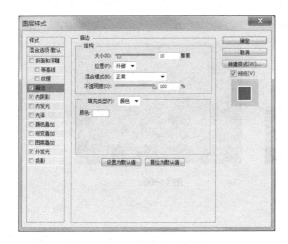

图 11-59

图 11-60

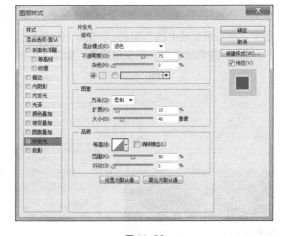

图 11-61

图 11-62

STEP 选择"描边"选项，切换到相应的对话框，将描边颜色设为白色，其他选项的设置如图 11-63 所示。单击"确定"按钮，效果如图 11-64 所示。

图 11-63   图 11-64

STEP 06 将前景色设为白色。选择"横排文字工具" T，输入文字并选中文字，在属性栏中选择合适的字体并设置文字大小，效果如图 11-65 所示，在"图层"控制面板中生成了新的文字图层。音乐宣传卡制作完成，效果如图 11-66 所示。

图 11-65   图 11-66

11.2.2　变形文字

在"变形文字"对话框中可以将文字进行多种样式的变形，如扇形、旗帜、波浪、膨胀、扭转等。

1. 制作扭曲变形文字

用户根据需要通过 Photoshop CS6 可以对文字进行各种变形。打开一幅图像，输入需要的文字，如图 11-67 所示。单击属性栏中的"创建文字变形"按钮，弹出"变形文字"对话框，如图 11-68 所示，在"样式"下拉列表中包含多种文字变形效果，如图 11-69 所示。

图 11-67   图 11-68   图 11-69

不同的文字变形效果如图 11-70 所示。

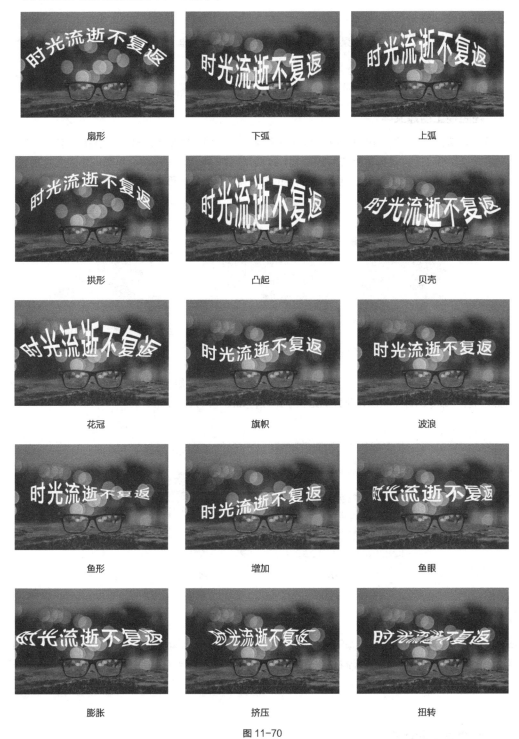

扇形　　　　　　　　　　下弧　　　　　　　　　　上弧

拱形　　　　　　　　　　凸起　　　　　　　　　　贝壳

花冠　　　　　　　　　　旗帜　　　　　　　　　　波浪

鱼形　　　　　　　　　　增加　　　　　　　　　　鱼眼

膨胀　　　　　　　　　　挤压　　　　　　　　　　扭转

图 11-70

2. 设置变形选项

用户如果要修改文字的变形效果，可以调出"变形文字"对话框，在对话框中重新设置样式或更改当前应用样式的数值。

3. 取消文字变形效果

用户如果要取消文字的变形效果，可以调出"变形文字"对话框，在"样式"下拉列表中选择"无"。

11.2.3 路径文字

用户可以将文字建立在路径上，并通过路径对文字进行调整。

1. 在路径上创建文字

选择"钢笔工具" ，在图像中绘制一条路径，如图 11-71 所示。选择"横排文字工具" ，将鼠标指针放在路径上，鼠标指针变为 图标，如图 11-72 所示，单击路径出现闪烁的光标，表明此处为输入文字的起始点。输入的文字会沿着路径的形状排列，效果如图 11-73 所示。

图 11-71 图 11-72 图 11-73

文字输入完成后，在"路径"控制面板中会自动生成文字路径层，如图 11-74 所示。取消"视图 > 显示额外内容"命令的选中状态，可以隐藏文字路径，如图 11-75 所示。

图 11-74 图 11-75

 提示

"路径"控制面板中的文字路径层与"图层"控制面板中相应的文字图层是相链接的，删除文字图层时，文字的路径层会自动被删除，而删除其他工作路径不会对文字的排列产生影响。如果要修改文字的排列形状，需要对文字路径进行修改。

2. 在路径上移动文字

选择"路径选择工具" ，将鼠标指针放置在文字上，鼠标指针变为 形状，如图 11-76 所示。单击并沿着路径拖曳鼠标指针，可以移动文字，效果如图 11-77 所示。

图 11-76   图 11-77

3. 在路径上翻转文字

选择"路径选择工具" ，将鼠标指针放置在文字上，鼠标指针变为为 形状，如图 11-78 所示。将文字向路径内部拖曳，可以沿路径翻转文字，效果如图 11-79 所示。

图 11-78   图 11-79

4. 修改路径文字的形态

创建了路径文字后，可以编辑文字的路径。选择"直接选择工具" 在路径上单击，路径上显示出控制手柄，拖曳控制手柄可修改路径的形状，如图 11-80 所示，文字也会按照修改后的路径进行排列，效果如图 11-81 所示。

图 11-80   图 11-81

11.3 课堂练习——制作女装新品宣传 Banner

练习知识要点

使用横排文字工具添加文字信息，使用椭圆工具、矩形工具和直线工具添加装饰图形，使用置入命令置入图像，女装新品宣传 Banner 效果如图 11-82 所示。

🔍 **效果所在位置**

资源包 > Ch11 > 效果 > 制作女装新品宣传 Banner.psd。

制作女装新品宣传
Banner

图 11-82

11.4 课后习题——制作旅游宣传单

🔍 **习题知识要点**

使用横排文字工具和创建文字变形命令添加宣传文字，使用自定形状工具、圆角矩形工具和图层样式制作会话框，使用横排文字工具和钢笔工具制作路径文字，旅游宣传单效果如图 11-83 所示。

🔍 **效果所在位置**

资源包 > Ch11 > 效果 > 制作旅游宣传单 .psd。

制作旅游宣传单

图 11-83

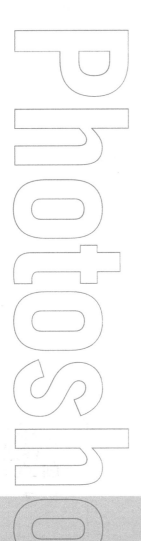

Chapter

12

第12章
通道与蒙版

本章主要介绍Photoshop CS6中通道与蒙版的使用方法。通过本章的学习，读者将掌握通道的操作和运算方法，以及各类蒙版的创建和使用技巧，从而可以快速地创作出精美的图像。

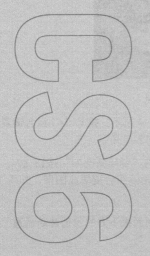

课堂学习目标

● 掌握通道的基本操作和运算方法

● 掌握图层蒙版的使用技巧

● 掌握剪贴蒙版和矢量蒙版的使用方法

12.1 通道的操作

使用"通道"控制面板可以对通道进行创建、复制、删除、分离、合并等操作。

12.1.1 课堂案例——抠出玻璃器具

⊕ 案例学习目标

学习使用通道控制面板抠出图像。

⊕ 案例知识要点

使用通道控制面板、反相命令和画笔工具抠出玻璃器具，使用渐变映射命令调整图片的颜色，抠出玻璃器具效果如图 12-1 所示。

⊕ 效果文件所在位置

资源包 > Ch12 > 效果 > 抠出玻璃器具 .psd。

抠出玻璃器具

图 12-1

STEP ⬚1 按 Ctrl+O 组合键，打开资源包中的"Ch12 > 素材 > 使用通道面板抠出玻璃器具 > 01"文件，如图 12-2 所示。选择"钢笔工具" ✏️，在属性栏的"选择工具模式"中选择"路径"，沿着酒杯轮廓绘制路径，如图 12-3 所示。

图 12-2 图 12-3

STEP ⬚2 按 Ctrl+Enter 组合键将路径转换为选区，如图 12-4 所示。按 Ctrl+J 组合键复制选区中的图像，在"图层"控制面板中生成了新的图层"图层 1"，如图 12-5 所示。

STEP ⬚3 选中"背景"图层。单击"图层"控制面板下方的"创建新图层"按钮 🔲，新建图层如图 12-6 所示。将前景色设为暗绿色（0、70、12），按 Alt+Delete 组合键填充图层，如图 12-7 所示。

STEP ⬚4 在"通道"控制面板中，将"蓝"通道拖曳到控制面板下方的"创建新通道"按钮 🔲 上复制通道，如图 12-8 所示。

图 12-4   图 12-5

图 12-6   图 12-7   图 12-8

STEP 选择"图像 > 调整 > 亮度 / 对比度"命令，在弹出的对话框中进行设置，如图 12-9 所示。单击"确定"按钮，效果如图 12-10 所示。

图 12-9   图 12-10

STEP 单击"通道"控制面板下方的"将通道作为选区载入"按钮 载入通道选区，如图 12-11 所示。在"图层"控制面板中，选中"图层 1"图层，单击面板下方的"添加图层蒙版"按钮 为图层添加蒙版，如图 12-12 所示，图像效果如图 12-13 所示。

图 12-11   图 12-12   图 12-13

STEP 🔲↘**7** 按 Ctrl+J 组合键复制图层，在"图层"控制面板中生成了新的图层"图层 1 副本"，如图 12-14 所示。在图层蒙版上右击，在打开的快捷菜单中选择"应用图层蒙版"命令应用图层蒙版，如图 12-15 所示。

图 12-14　　　　　　　　　　　　图 12-15

STEP 🔲↘**8** 在"图层"控制面板上方，将该图层的混合模式设为"滤色"，如图 12-16 所示，图像效果如图 12-17 所示。

STEP 🔲↘**9** 在"路径"控制面板中，选中绘制的路径。在"图层"控制面板中，选中"背景"图层，按 Ctrl+Enter 组合键将路径转化为选区，如图 12-18 所示。按 Ctrl+J 组合键复制选区中的图像，如图 12-19 所示。

图 12-16　　　　　　图 12-17　　　　　　图 12-18　　　　　　图 12-19

STEP 🔲↘**10** 将"图层 3"拖曳到"图层 2"图层上方，如图 12-20 所示。单击"图层"控制面板下方的"添加图层蒙版"按钮 🔲，为图层添加蒙版，如图 12-21 所示。按住 Alt 键单击"图层 3"左侧的眼睛图标 👁，隐藏其他图层，如图 12-22 所示。

图 12-20　　　　　　　　图 12-21　　　　　　　　图 12-22

STEP 11 选择"画笔工具" ，在属性栏中单击画笔选项右侧的下拉按钮 ，弹出"画笔预设"
选择器，如图 12-23 所示进行设置，在图像窗口中擦除不需要的图像，效果如图 12-24 所示。单击"图层 1"
图层和"图层 1 副本"图层左侧的空白图标 显示图层，如图 12-25 所示，效果如图 12-26 所示。

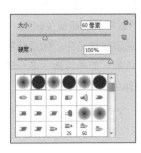

图 12-23　　　　　　　图 12-24　　　　　　　图 12-25　　　　　　　图 12-26

STEP 12 按住 Shift 键，单击"图层 1 副本"图层，将需要的图层同时选取。按 Alt+Ctrl+
Shift+E 组合键盖印选中的图层，如图 12-27 所示。

STEP 13 按 Ctrl+O 组合键，打开资源包中的"Ch12 > 素材 > 使用通道面板抠出玻璃器具 >
02"文件。选择"移动工具" ，将抠出的图像拖曳到 02 图像窗口中适当的位置并调整大小，如图 12-28
所示，将"图层"控制面板中新生成的图层命名为"器皿"。

图 12-27　　　　　　　　　　　　图 12-28

STEP 14 单击"图层"控制面板下方的"创建新的填充或调整图层"按钮 ，在打开的菜
单中选择"色彩平衡"命令，在"图层"控制面板中生成了"色彩平衡 1"图层，在弹出的"色彩平衡"
控制面板中进行设置，如图 12-29 所示。按 Enter 键确认操作，效果如图 12-30 所示。

STEP 15 按 Ctrl+O 组合键，打开资源包中的"Ch12 > 素材 > 使用通道面板抠出玻璃器
具 > 03、04"文件。选择"移动工具" ，将两幅图像拖曳到 02 图像窗口中适当的位置，效果如
图 12-31 所示，然后将"图层"控制面板中新生成的图层命名为"酒"和"文字"。玻璃器具抠出完成。

图 12-29　　　　　　　图 12-30　　　　　　　图 12-31

12.1.2 通道控制面板

"通道"控制面板可以管理所有的通道并对通道进行编辑。选择"窗口 > 通道"命令，弹出"通道"控制面板，如图 12-32 所示。

在"通道"控制面板的右上方有两个按钮 ，分别是"折叠为图标"按钮和"关闭"按钮。单击"折叠为图标"按钮可以将控制面板折叠，只显示图标，单击"关闭"按钮可以将控制面板关闭。

在"通道"控制面板中，放置区用于存放当前图像中存在的所有通道。在通道放置区中，如果选中的只是其中的一个通道，则只有这个通道处于显示状态，通道上将出现一个深色条。如果想选中多个通道，可以按住 Shift 键再单击其他通道。通道左侧的眼睛图标 用于显示或隐藏颜色通道。

"通道"控制面板底部有 4 个工具按钮，如图 12-33 所示。

将通道作为选区载入：用于将通道作为选区调出。

将选区存储为通道：用于将选区存入通道中。

创建新通道：用于创建或复制新的通道。

删除当前通道：用于删除图像中的通道。

| 图 12-32 | 图 12-33 |

12.1.3 创建新通道

用户在编辑图像的过程中，可以创建新的通道。

单击"通道"控制面板右上方的 按钮打开菜单，选择"新建通道"命令，弹出"新建通道"对话框，如图 12-34 所示。

名称：用于设置当前通道的名称。

色彩指示：用于选择色彩指示的含义。

颜色：用于设置新通道的颜色。

不透明度：用于设置当前通道的不透明度。

单击"确定"按钮，"通道"控制面板中将创建一个新通道，即 Alpha 1，如图 12-35 所示。

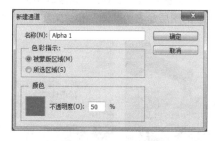

| 图 12-34 | 图 12-35 |

单击"通道"控制面板下方的"创建新通道"按钮 ，也可以创建一个新通道。

12.1.4 复制通道

"复制通道"命令用于将现有的通道进行复制，产生属性相同的多个通道。

单击"通道"控制面板右上方的 按钮打开菜单，选择"复制通道"命令，弹出"复制通道"对话框，如图 12-36 所示。

图 12-36

为：用于设置复制的新通道的名称。

文档：用于设置复制通道的文件来源。

将需要复制的通道拖曳到"通道"控制面板下方的"创建新通道"按钮 上，即可将所选的通道复制为一个新的通道。

12.1.5 删除通道

单击"通道"控制面板右上方的 按钮打开菜单，选择"删除通道"命令，即可将选中的通道删除。

单击"通道"控制面板下方的"删除当前通道"按钮 ，弹出提示对话框，如图 12-37 所示，单击"是"按钮，可以将选中的通道删除，也可以将需要删除的通道直接拖曳到"删除当前通道"按钮 上进行删除。

图 12-37

12.1.6 通道选项

"通道选项"命令用于设定 Alpha 通道。单击"通道"控制面板右上方的 按钮打开菜单，选择"通道选项"命令，弹出"通道选项"对话框，如图 12-38 所示。

图 12-38

在"通道选项"对话框中，"名称"选项用于设定通道名称；"色彩指示"选项组用于设定通道中蒙版的显示方式，其中"被蒙版区域"选项表示蒙版区为深色显示、非蒙版区为透明显示，"所选区域"选项表示蒙版区为透明显示、非蒙版区为深色显示，"专色"选项表示以专色显示；"颜色"选项用于设定填充蒙版的颜色；"不透明度"选项用于设定蒙版的不透明度。

12.1.7 课堂案例——制作清冷照片模板

案例学习目标

学习使用分离通道命令和合并通道命令制作清冷照片模板。

案例知识要点

使用分离通道命令和合并通道命令制作图像效果，使用曝光度命令和色阶命令调整图片颜色，使用彩色半调滤镜为图片添加特效，清冷照片模板效果如图 12-39 所示。

🔍 效果所在位置

资源包 > Ch12 > 效果 > 制作清冷照片模板 .psd。

制作清冷照片模板

图 12-39

STEP 1 按 Ctrl+O 组合键，打开资源包中的"Ch12 > 素材 > 制作清冷照片模板 > 01"文件，如图 12-40 所示。选择"窗口 > 通道"命令，弹出"通道"控制面板，如图 12-41 所示。

STEP 2 单击"通道"控制面板右上方的 ▾≣ 按钮，在打开的菜单中选择"分离通道"命令，将图像分离成"红""绿""蓝"3 个通道文件，如图 12-42 所示。

图 12-40   图 12-41   图 12-42

STEP 3 切换到"01.jpg_ 红"图像窗口，如图 12-43 所示。选择"图像 > 调整 > 曝光度"命令，在弹出的"曝光度"对话框中进行设置，如图 12-44 所示。单击"确定"按钮，效果如图 12-45 所示。

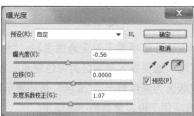

图 12-43   图 12-44   图 12-45

STEP 4 切换到"01.jpg_ 绿"图像窗口，如图 12-46 所示。选择"图像 > 调整 > 色阶"命令，在弹出的"色阶"对话框中进行设置，如图 12-47 所示。单击"确定"按钮，效果如图 12-48 所示。

STEP 5 切换到"01.jpg_ 蓝"图像窗口，如图 12-49 所示。选择"滤镜 > 像素化 > 彩色半调"命令，在弹出的"彩色半调"对话框中进行设置，如图 12-50 所示。单击"确定"按钮，效果如图 12-51 所示。

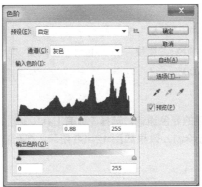

图 12-46   图 12-47   图 12-48

图 12-49   图 12-50   图 12-51

STEP 6 单击"通道"控制面板右上方的 按钮，在打开的菜单中选择"合并通道"命令，在弹出的"合并通道"对话框中进行设置，如图 12-52 所示。单击"确定"按钮，弹出"合并 RGB 通道"对话框，如图 12-53 所示。单击"确定"按钮合并通道，图像效果如图 12-54 所示。

图 12-52

STEP 7 将前景色设为白色。选择"横排文字工具" T ，在适当的位置输入文字并选中文字，在属性栏中选择合适的字体并设置大小，效果如图 12-55 所示，在"图层"控制面板中生成了新的文字图层。清冷照片模板制作完成。

图 12-53   图 12-54   图 12-55

12.1.8 专色通道

专色通道是指在 CMYK 四色以外单独创建的一个通道，用来放置金色、银色或者一些需要特别要求的专色。

1. 新建专色通道

单击"通道"控制面板右上方的 按钮打开菜单，选择"新建专色通道"命令，弹出"新建专色通道"对话框，如图 12-56 所示。

在"新建专色通道"对话框中，"名称"文本框用于输入新通道的名称；"颜色"选项用于选择颜色；"密度"数值框用于输入颜色的显示透明度，数值为 0% ~ 100%。

2. 制作专色通道

图 12-56

单击"通道"控制面板中新建的专色通道。选择"画笔工具" ，在"画笔"控制面板中进行设置，如图 12-57 所示，在图像中进行绘制，效果如图 12-58 所示，"通道"控制面板中的效果如图 12-59 所示。

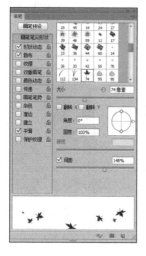  

图 12-57　　　　　　　　图 12-58　　　　　　　　图 12-59

提示

前景色为黑色，绘制时的专色是完全的；前景色是其他中间色，绘制时的专色是不同透明度的特别色；前景色为白色，绘制时的专色是没有的。

3. 将新通道转换为专色通道

在"通道"控制面板中新建通道。单击"通道"控制面板右上方的 按钮打开菜单，选择"通道选项"命令，弹出"通道选项"对话框，选择"专色"选项，其他选项如图 12-60 所示。单击"确定"按钮，将新建的通道转换为专色通道。

4. 合并专色通道

选中"通道"控制面板中新建的专色通道，单击"通道"控制面板右上方的 按钮打开菜单，选择"合并专色通道"命令，将专色通道合并。

图 12-60

12.1.9 分离与合并通道

单击"通道"控制面板右上方的 按钮打开菜单，选择"分离通道"命令，将图像中的每个通道分离成独立的 8 bit 灰度图像。图像原始效果如图 12-61 所示，分离通道后的效果如图 12-62 所示。

图 12-61

图 12-62

单击"通道"控制面板右上方的 按钮打开菜单，选择"合并通道"命令，弹出"合并通道"对话框，如图 12-63 所示。设置完成后单击"确定"按钮，弹出"合并 CMYK 通道"对话框，如图 12-64 所示，可以在选定的色彩模式中为每个通道指定一幅灰度图像，被指定的图像可以是同一幅图像，也可以是不同的图像，但这些图像的大小必须是相同的。在合并之前，所有要合并的图像都必须是打开状态，尺寸要保持一致，且均为灰度图像，单击"确定"按钮，效果如图 12-65 所示。

图 12-63

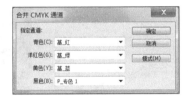
图 12-64

图 12-65

12.2 通道运算

通道运算可以按照各种合成方式合成单个或多个通道中的图像内容。进行通道运算的图像尺寸必须一致。

12.2.1 应用图像

"应用图像"命令用于处理通道内的图像，使图像混合以产生特殊效果。选择"图像 > 应用图像"命令，弹出"应用图像"对话框，如图 12-66 所示。

在对话框中，"源"选项用于选择源文件；"图层"选项用于选择源文件的图层；"通道"选项用于选择源通道；"反相"选项用于在处理前反转通道内的内容；"目标"选项能显示出目标文件的文件名及色彩模式等信息；"混合"选项用于选择混色模式，即选择两个通道对应像素的计算方法；"不透明度"选项用于设定图像的不透明度；"蒙版"选项用于添加蒙版以限定选区。

图 12-66

打开 02、03 两幅图像，选择"图像 > 图像大小"命令，弹出"图像大小"对话框。分别为两张图像设置相同的尺寸，设置完成后，单击"确定"按钮，效果如图 12-67 和图 12-68 所示。在两幅图像的"通道"控制面板中分别建立通道蒙版，其中黑色表示遮住的区域。返回两幅图像的 RGB 通道，效果分别如图 12-69 和图 12-70 所示。

图 12-67

图 12-68

图 12-69

图 12-70

选择 02 图像，选择"图像 > 应用图像"命令，弹出"应用图像"对话框，如图 12-71 所示。设置完成后，单击"确定"按钮，两幅图像混合后的效果如图 12-72 所示。

图 12-71

图 12-72

在"应用图像"对话框中，勾选"蒙版"复选框，打开蒙版的其他选项，如图 12-73 所示。设置好后，单击"确定"按钮，两幅图像混合后的效果如图 12-74 所示。

 提示

"应用图像"命令要求源文件与目标文件的尺寸必须相同，因为参加计算的两个通道内的像素是一一对应的。

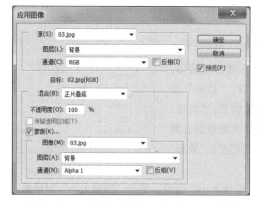
图 12-73

图 12-74

12.2.2 计算

"计算"命令可以处理两个通道内的相应内容，但主要用于合成单个通道的内容。

选择"图像 > 计算"命令，弹出"计算"对话框，如图 12-75 所示。

在"计算"对话框中，第 1 个选项组的"源 1"选项用于选择源文件 1，"图层"选项用于选择源文件 1 中的图层，"通道"选项用于选择源文件 1 中的通道，"反相"选项用于反转通道内的内容；第 2 个选项组的"源 2""图层""通道"和"反相"选项分别用于选择源文件 2 的相应信息；第 3 个选项组的

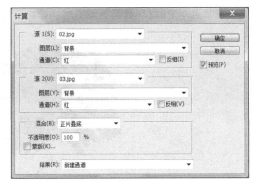

图 12-75

"混合"选项用于选择混色模式，"不透明度"选项用于设定不透明度；"结果"选项用于指定处理结果的存放位置。

"计算"命令虽然与"应用图像"命令一样，都是对两个通道的相应内容进行处理的命令，但是二者也有区别。用"应用图像"命令处理后的结果可作为源文件或目标文件使用；而用"计算"命令处理后的结果则会存成一个通道，如存成 Alpha 通道，使其可以转变为选区供其他工具使用。

选择"图像 > 计算"命令，在弹出的"计算"对话框中进行设置，如图 12-76 所示。单击"确定"按钮，两张图像经通道运算后的效果如图 12-77 所示。

图 12-76

图 12-77

12.3 通道蒙版

用户在通道中可以快速创建蒙版，还可以存储蒙版。

12.3.1 课堂案例——制作时尚蒙版画

案例学习目标

学习使用快速蒙版和画笔工具抠出人物图片并更换背景。

案例知识要点

使用快速蒙版命令、画笔工具和反向命令制作图像画框，使用横排文字工具和字符面板添加文字，时尚蒙版画效果如图 12-78 所示。

🔍 ⊕ 效果所在位置

资源包 > Ch12 > 效果 > 制作时尚蒙版画 .psd。

制作时尚蒙版画

图 12-78

STEP 🖱1 按 Ctrl+O 组合键，打开资源包中的"Ch12 > 素材 > 制作时尚蒙版画 > 01"文件，如图 12-79 所示。将"背景"图层拖曳到"图层"控制面板下方的"创建新图层"按钮 🔳 上进行复制，生成新的"背景 副本"图层，如图 12-80 所示。

图 12-79　　　　　　　　　　图 12-80

STEP 🖱2 按 Ctrl+O 组合键，打开资源包中的"Ch12 > 素材 > 制作时尚蒙版画 > 02"文件。选择"移动工具" 🔽，将 02 图像拖曳到 01 图像窗口中适当的位置，如图 12-81 所示，然后将"图层"控制面板中新生成的图层命名为"纹理"。

STEP 🖱3 在"图层"控制面板上方，将"纹理"图层的混合模式设为"正片叠底"，如图 12-82 所示，图像效果如图 12-83 所示。

图 12-81　　　　　　　图 12-82　　　　　　　图 12-83

STEP 🖱4 单击"图层"控制面板下方的"添加图层蒙版"按钮 🔳 为图层添加蒙版，如图 12-84 所示。将前景色设为黑色。选择"画笔工具" ✏，在属性栏中单击画笔选项右侧的下拉按钮 ▼，在弹出的"画笔预设"选取器中选择需要的画笔形状，如图 12-85 所示，然后在图像窗口中擦除不需要的图像，效果如图 12-86 所示。

图 12-84

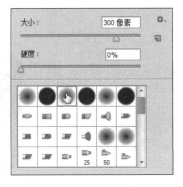
图 12-85

图 12-86

STEP 🔲**5** 新建图层并将其命名为"画笔",填充其颜色为白色。单击工具栏下方的"以快速蒙版模式编辑"按钮🔲,进入蒙版状态。选择"画笔工具"🖌,在属性栏中单击"画笔"选项右侧的下拉按钮·,弹出"画笔预设"选取器,单击右上方的设置按钮 ⚙·,在打开的菜单中选择"粗画笔"选项,弹出提示对话框,单击"追加"按钮。选择需要的画笔形状,如图 12-87 所示,然后在图像窗口中绘制图像,效果如图 12-88 所示。

图 12-87

图 12-88

STEP 🔲**6** 单击工具栏下方的"以标准模式编辑"按钮🔲,恢复到标准编辑状态,图像窗口中生成选区,如图 12-89 所示。按 Shift+Ctrl+I 组合键反选选区,然后按 Delete 键删除选区中的图像。按 Ctrl+D 组合键取消选择选区,效果如图 12-90 所示。

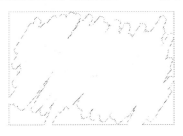
图 12-89

图 12-90

STEP 🔲**7** 将前景色设为橙色(245、210、152)。选择"横排文字工具"🅣,在适当的位置输入文字并选中文字,在属性栏中选择合适的字体并设置大小,效果如图 12-91 所示,在"图层"控制面板中生成了新的文字图层。选中"Wedding"文字。按 Ctrl+T 组合键,弹出"字符"控制面板,将"设置所选字符的字距调整" 🔲 0 ·设置为 96,如图 12-92 所示。按 Enter 键确认操作,效果如图 12-93 所示。

| 图 12-91 | 图 12-92 | 图 12-93 |

STEP 选中其他文字，然后在"字符"控制面板中，将"设置行距" 设置为
10.8 点、"设置所选字符的字距调整" 设置为 96，单击"仿斜体"按钮 ，如图 12-94
所示，按 Enter 键确认操作，效果如图 12-95 所示。时尚蒙版画制作完成，效果如图 12-96 所示。

| 图 12-94 | 图 12-95 | 图 12-96 |

12.3.2 快速蒙版的制作

单击"以快速蒙版模式编辑"按钮可以快速进入蒙版编辑状态。打开一幅图像，如图 12-97 所示。
选择"魔棒工具" ，按住 Shift 键在需要的位置连续单击生成选区，效果如图 12-98 所示。

| 图 12-97 | 图 12-98 |

单击工具栏下方的"以快速蒙版模式编辑"按钮 进入蒙版编辑状态，选区暂时消失，图像
的未选择区域变为红色，效果如图 12-99 所示，"通道"控制面板中自动生成"快速蒙版"通道，如
图 12-100 所示。快速蒙版图像效果如图 12-101 所示。

 提示

Photoshop CS6 预设的蒙版颜色为半透明的红色

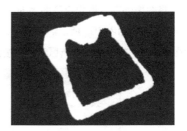

图 12-99 图 12-100 图 12-101

选择"画笔工具" ，在画笔工具属性栏中进行设置，如图 12-102 所示。将快速蒙版中的面包区域绘制成白色，图像效果和"通道"控制面板分别如图 12-103 和图 12-104 所示。

图 12-102 图 12-103 图 12-104

12.3.3 在 Alpha 通道中存储蒙版

用户可以将编辑好的蒙版存储到 Alpha 通道中。

在图像中绘制选区，如图 12-105 所示。选择"选择 > 存储选区"命令，在弹出的"存储选区"对话框中进行设置，如图 12-106 所示。单击"确定"按钮，建立通道蒙版"卡通面包"；或单击"通道"控制面板中的"将选区存储为通道"按钮 ，建立通道蒙版"卡通面包"，"通道"控制面板效果和图像效果分别如图 12-107 和图 12-108 所示。

图 12-105 图 12-106

图 12-107 图 12-108

将图像保存，再次打开图像时，选择"选择 > 载入选区"命令，在弹出的"载入选区"对话框中进行设置，如图 12-109 所示。单击"确定"按钮，将"卡通面包"通道作为选区载入；或单击"通道"控制面板中的"将通道作为选区载入"按钮 ，将"卡通面包"通道作为选区载入，效果如图 12-110 所示。

图 12-109   图 12-110

12.4 图层蒙版

图层蒙版可以把图层中图像的某些部分处理成透明和半透明的效果，而且可以恢复已经处理过的图像，是 Photoshop 中一种独特的处理图像方式。

12.4.1 课堂案例——合成夜晚风景照

⊕ 案例学习目标

学习使用图层蒙版合成图片。

⊕ 案例知识要点

使用混合模式制作图片效果，使用图层蒙版和画笔工具制作局部颜色遮罩效果，合成夜晚风景照效果如图 12-111 所示。

⊕ 效果所在位置

资源包 > Ch12 > 效果 > 合成夜晚风景照 .psd。

图 12-111

合成夜晚风景照

STEP 1 按 Ctrl+O 组合键，打开资源包中的"Ch12 > 素材 > 合成夜晚风景照 > 01、02"文件，如图 12-112 和图 12-113 所示。选择"移动工具" ，将 02 图像拖曳到 01 图像窗口中适当的位置并调整其大小，将在"图层"控制面板中新生成的图层命名为"图片"。

STEP 2 在"图层"控制面板上方，将"图片"图层的混合模式设为"滤色"，如图 12-114所示，图像窗口中的效果如图 12-115 所示。

STEP 3 单击"图层"控制面板下方的"添加图层蒙版"按钮 为"图片"图层添加蒙版，如图 12-116 所示。将前景色设为黑色。选择"画笔工具" ，在属性栏中单击画笔选项右侧的下拉按钮⊡，在弹出的"画笔预设"选取器中选择需要的画笔形状，如图 12-117 所示。将属性栏中的"不透明度"设为 62%、"流量"设为 56%，在图像窗口中擦除不需要的图像，效果如图 12-118 所示。

图 12-112   图 12-113

图 12-114   图 12-115

图 12-116   图 12-117   图 12-118

STEP 单击"图层"控制面板下方的"创建新的填充或调整图层"按钮⊙，在打开的菜单中选择"色阶"命令，在"图层"控制面板中生成了"色阶 1"图层，在弹出的"色阶"面板中进行设置，如图 12-119 所示。按 Enter 键确认操作，图像效果如图 12-120 所示。夜晚风景照合成完成。

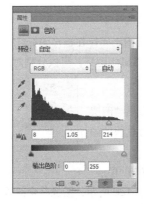   

图 12-119   图 12-120

12.4.2 添加图层蒙版

使用控制面板按钮或快捷键：单击"图层"控制面板下方的"添加图层蒙版"按钮 可以创建一个图层蒙版，如图 12-121 所示。按住 Alt 键单击"图层"控制面板下方的"添加图层蒙版"按钮 ，可以创建一个完全遮盖图层的蒙版，如图 12-122 所示。

使用菜单命令：选择"图层 > 图层蒙版 > 显示全部"命令，可以创建一个图层蒙版，如图 12-121 所示。选择"图层 > 图层蒙版 > 隐藏全部"命令，可以创建一个完全遮盖图层的蒙版，如图 12-122 所示。

图 12-121   图 12-122

12.4.3 隐藏图层蒙版

按住 Alt 键单击图层蒙版缩览图，图像窗口中的图像将被隐藏，只显示蒙版缩览图中的效果，如图 12-123 所示，"图层"控制面板中的效果如图 12-124 所示。按住 Alt 键再次单击图层蒙版缩览图，将显示图像窗口中的图像。按住 Alt+Shift 组合键单击图层蒙版缩览图，将同时显示图像和图层蒙版。

图 12-123   图 12-124

12.4.4 图层蒙版的链接

在"图层"控制面板中，图层缩览图与图层蒙版缩览图之间存在链接图标 ，表明图层图像与蒙版关联，此时移动图像蒙版会同步移动；单击链接图标 将隐藏此图标，可以分别对图像与蒙版进行操作。

12.4.5 应用及删除图层蒙版

在"通道"控制面板中，双击"人物蒙版"通道，弹出"图层蒙版显示选项"对话框，如图 12-125 所示，这时可以对蒙版的颜色和不透明度进行设置。

图 12-125

选择"图层 > 图层蒙版 > 停用"命令，或按住 Shift 键单击"图层"控制面板中的图层蒙版缩览图，图层蒙版将被停用，如图 12-126 所示，图像将全部显示，如图 12-127 所示；按住 Shift 键再次单击图层蒙版缩览图，将恢复图层蒙版效果，如图 12-128 所示。

图 12-126   图 12-127   图 12-128

选择"图层 > 图层蒙版 > 删除"命令，或在图层蒙版缩览图上右击，在打开的快捷菜单中选择"删除图层蒙版"命令，可以将图层蒙版删除。

12.5 剪贴蒙版与矢量蒙版

剪贴蒙版用于使用某个图层的内容来遮盖其上方的图层，遮盖效果由基底图层决定。

12.5.1 课堂案例——制作 App 购物广告

⊕ 案例学习目标

学习使用剪贴蒙版制作主题照片。

⊕ 案例知识要点

使用高斯模糊命令模糊图片背景，使用钢笔工具和剪贴蒙版命令制作手机界面效果，使用矩形工具和横排文字工具制作宣传文字和装饰，App 购物广告效果如图 12-129 所示。

⊕ 效果所在位置

资源包 > Ch12 > 效果 > 制作 App 购物广告 .psd。

制作 App 购物广告

图 12-129

STEP 🔖1 按 Ctrl+O 组合键，打开资源包中的"Ch12 > 素材 > 制作 App 购物广告 > 01"文件，如图 12-130 所示。选择"滤镜 > 模糊 > 高斯模糊"命令，在弹出的"高斯模糊"对话框中进行设置，如图 12-131 所示。单击"确定"按钮，效果如图 12-132 所示。

STEP 🔖2 按 Ctrl+O 组合键，打开资源包中的"Ch12 > 素材 > 制作 App 购物广告 > 02"文件，如图 12-133 所示。选择"移动工具" ⊕，将 02 图像拖曳到 01 图像窗口中适当的位置，效果如图 12-134 所示。将"图层"控制面板中新生成的图层命名为"手机"。

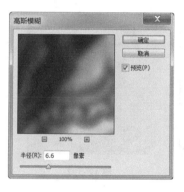

图 12-130   图 12-131   图 12-132

图 12-133   图 12-134

STEP ◢13◣ 将前景色设为白色。选择"钢笔工具" ，在属性栏中的"选择工具模式"中选择 "形状"，在图像窗口中沿着手机界面边缘绘制形状，如图 12-135 所示。在"图层"控制面板中生成了 新的图层"形状 1"，如图 12-136 所示。

图 12-135   图 12-136

STEP ◢14◣ 按 Ctrl+O 组合键，打开资源包中的"Ch12 > 素材 > 制作 App 购物广告 > 03"文 件，如图 12-137 所示。选择"移动工具" ，将 03 图像拖曳到 01 图像窗口中适当的位置，效果如 图 12-138 所示。将"图层"控制面板中新生成的图层命名为"界面"。

图 12-137   图 12-138

STEP 5 按 Alt+Ctrl+G 组合键创建剪贴蒙版,效果如图 12-139 所示。将前景色设为粉色（232、72、142）。选择"横排文字工具" T ,在适当的位置输入文字并选中文字,在属性栏中选择合适的字体并设置大小,效果如图 12-140 所示。在"图层"控制面板中生成了新的文字图层。

图 12-139   图 12-140

STEP 6 选择"矩形工具" ,在属性栏中的"选择工具模式"中选择"形状",将"填充"颜色设为无、"描边"颜色设为粉色（232、72、142）、"描边粗细"设为 6 像素,在图像窗口中绘制矩形,效果如图 12-141 所示。在"图层"控制面板中生成了新的图层"矩形 1"。

STEP 7 将前景色设为黑色。选择"横排文字工具" T ,在适当的位置输入文字并选中文字,在属性栏中选择合适的字体并设置大小,效果如图 12-142 所示。在"图层"控制面板中生成了新的文字图层。App 购物广告制作完成,效果如图 12-143 所示。

图 12-141   图 12-142   图 12-143

12.5.2 剪贴蒙版

创建剪贴蒙版:设计好的图像效果如图 12-144 所示,此时的"图层"控制面板如图 12-145 所示。按住 Alt 键将鼠标指针放置到"风景"图层和"矩形块"图层中间,鼠标指针变为 图标,如图 12-146 所示。

图 12-144   图 12-145   图 12-146

单击制作图层的剪贴蒙版,如图 12-147 所示,图像窗口中的效果如图 12-148 所示。用"移动工具" 可以移动"风景"图层,效果如图 12-149 所示。

图 12-147

图 12-148

图 12-149

取消剪贴蒙版：如果要取消剪贴蒙版，可以选中剪贴蒙版组中上方的图层，选择"图层 > 释放剪贴蒙版"命令，或按 Alt+Ctrl+G 组合键即可。

12.5.3　矢量蒙版

原始图像效果如图 12-150 所示。选择"自定形状工具" ✿，在属性栏中的"选择工具模式"中选择"路径"，在形状选择面板中选中"红心形卡"图形，如图 12-151 所示。

图 12-150

图 12-151

在图像窗口中绘制路径，如图 12-152 所示。选中"形状 1"图层，选择"图层 > 矢量蒙版 > 当前路径"命令，为"形状 1"图层添加矢量蒙版，如图 12-153 所示，图像窗口中的效果如图 12-154 所示。使用"直接选择工具" ▶ 可以修改路径的形状，从而修改蒙版的遮罩区域，如图 12-155 所示。

图 12-152

图 12-153

图 12-154

图 12-155

12.6　课堂练习——抠出婚纱图像

练习知识要点

使用钢笔工具、通道控制面板、"计算"命令、图层控制面板和画笔工具抠出婚纱图像，使用移动工具添加背景和文字，抠出婚纱图像效果如图 12-156 所示。

⊕ 效果所在位置

资源包 > Ch12 > 效果 > 抠出婚纱图像 .psd。

图 12-156

抠出婚纱图像

12.7 课后习题——合成沙滩风景照片

⊕ 习题知识要点

使用可选颜色命令调整图片颜色，使用图层蒙版和画笔工具制作瓶中的乌龟图像，使用横排文本工具添加文字，合成沙滩风景照片效果如图 12-157 所示。

⊕ 效果所在位置

资源包 > Ch12 > 效果 > 合成沙滩风景照片 .psd。

图 12-157

合成沙滩风景照片

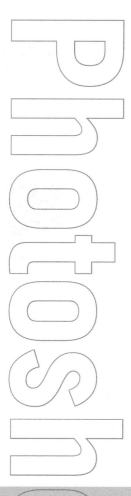

Chapter

13

第13章
动作与滤镜效果

本章主要介绍Photoshop CS6中强大的滤镜功能，包括动作控制面板及动作应用、滤镜菜单及应用、滤镜使用技巧。通过本章的学习，读者能够通过Photoshop CS6的滤镜功能制作出多变的图像效果。

课堂学习目标

● 熟练动作控制面板的功能
● 熟练掌握滤镜的使用技巧

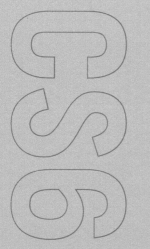

13.1 动作控制面板及动作应用

在 Photoshop CS6 中，用户可以直接使用"动作"控制面板中的动作命令进行设计创作，也可以非常便捷地记录并应用动作，下面介绍具体操作方法。

13.1.1 课堂案例——制作甜美色调照片

案例学习目标

学习使用动作控制面板调整图像颜色。

案例知识要点

使用预定动作制作图像，甜美色调照片如图 13-1 所示。

效果所在位置

资源包 > Ch13 > 效果 > 制作甜美色调照片 .psd。

制作甜美色调照片

图 13-1

STEP 1 按 Ctrl+O 组合键，打开资源包中的"Ch13 > 素材 > 制作甜美色调照片 > 01"文件，如图 13-2 所示。选择"窗口 > 动作"命令，弹出"动作"控制面板，如图 13-3 所示。单击控制面板右上方的按钮 ☰，在打开的菜单中选择"载入动作"命令，在弹出的对话框中选择资源包中的"Ch8 > 素材 > 制作甜美色调照片 > 02"文件，单击"确定"按钮，载入动作命令，如图 13-4 所示。

图 13-2

图 13-3

图 13-4

STEP 2 单击"13 ACTION"选项左侧的按钮 ▶，查看动作应用的步骤，如图 13-5 所示。单击"动作"控制面板下方的"播放选定的动作"按钮 ▶，效果如图 13-6 所示。甜美色调照片制作完成。

图 13-5　　　　　　　　　　　　　　　图 13-6

13.1.2　动作控制面板

"动作"控制面板可以对一批需要进行相同处理的图像执行批处理操作，以减轻重复操作的麻烦。选择"窗口 > 动作"命令，或按 Alt+F9 组合键，弹出图 13-7 所示的"动作"控制面板。

在"动作"控制面板中，1 为开 / 关当前默认动作下的所有命令；2 为开 / 关当前默认动作下的所有断点；3 为开 / 关当前按钮下的所有命令；4 为开 / 关当前按钮下的所有断点；5 为折叠命令清单按钮；6 为展开命令清单按钮。面板下方的按钮 ■ ● ▶ ▢ ▢ 🗑 由左至右依次为"停止播放 / 记录"按钮 ■、"开始记录"按钮 ●、"播放选定的动作"按钮 ▶、"创建新组"按钮 ▢、"创建新动作"按钮 ▢ 和"删除"按钮 🗑。

单击"动作"控制面板右上方的 ▼≡ 按钮，打开"动作"控制面板的菜单，如图 13-8 所示，下面是各个命令的介绍。

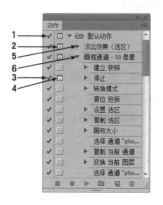

图 13-7　　　　　　　　　　　　　　　图 13-8

"按钮模式"命令：用于设置"动作"控制面板的显示方式，可以选择以列表显示或以按钮方式显示，以按钮方式显示的效果如图 13-9 所示。

"新建动作"命令：用于新建动作命令并开始录制新的动作命令。

"新建组"命令：用于新建组的设置。

"复制"命令：用于复制"动作"控制面板中的当前命令，使其成为新的动作命令。

"删除"命令：用于删除"动作"控制面板中高亮显示的动作命令。

"播放"命令：用于执行"动作"控制面板中所记录的操作步骤。

"开始记录"命令：用于开始录制新的动作命令。

"再次记录"命令：用于重新录制"动作"控制面板中的当前命令。

"插入菜单项目"命令：用于在当前的"动作"控制面板中插入菜单选项，在执行动作时此菜单选项将被执行。

"插入停止"命令：用于在当前的"动作"控制面板中插入断点，在执行动作遇到此命令时将弹出一个对话框，用于确定是否继续执行。

"插入条件"命令：用于插入有条件的动作，选择此命令，将弹出"条件动作"对话框。在"条件动作"对话框中，"如果当前"选项用于选择条件；"则播放动作"选项用于指定文档满足条件时播放的动作；"否则播放动作"选项用于指定文档不满足条件时播放的动作。

"插入路径"命令：用于在当前的"动作"控制面板中插入路径。

"动作选项"命令：用于设置当前的动作选项。

"回放选项"命令：用于设置动作执行的性能，单击此命令，将弹出图 13-10 所示的"回放选项"对话框。在此对话框中，"加速"选项用于快速按顺序执行"动作"控制面板中的动作命令，"逐步"选项用于逐步执行"动作"控制面板中的动作命令，"暂停"选项用于设定执行两条动作命令间的延迟秒数。

"清除全部动作"命令：用于清除"动作"控制面板中的所有动作命令。

"复位动作"命令：用于恢复"动作"控制面板的初始状态。

"载入动作"命令：用于载入已保存的动作文件。

"替换动作"命令：用于载入并替换当前的动作文件。

"存储动作"命令：用于保存当前的动作命令。

"命令"以下都是配置的动作命令。

图 13-9 图 13-10

"动作"控制面板提供了灵活、便捷的工作方式，用户只需建立好自己的动作命令，然后将重复的工作交给它去完成即可。在建立动作命令之前，首先应清除或保存已有的动作命令，然后再选择"新建动作"命令，在弹出的对话框中输入相关的参数，最后单击"确定"按钮。

13.1.3 创建动作

在"动作"控制面板中，用户可以非常便捷地记录并应用动作。打开一幅图像，如图 13-11 所示。单击"动作"控制面板下方的"创建新组"按钮 ，在弹出的"新建组"对话框中进行设置，如图 13-12 所示。单击"确定"按钮，完成动作组的创建，如图 13-13 所示。

图 13-11

图 13-12

图 13-13

单击"动作"控制面板下方的"创建新动作"按钮 ，在弹出的"新建动作"对话框中进行设置，如图 13-14 所示。单击"记录"按钮，在"动作"控制面板"动作演示"组中出现"调色"动作，如图 13-15 所示。

图 13-14　　　　　　　　　　图 13-15

单击"图层"控制面板下方的"创建新的填充或调整图层"按钮 ，在打开的菜单中选择"色阶"命令，在"图层"控制面板中生成"色阶 1"图层，在弹出的"色阶"控制面板中进行设置，如图 13-16 所示，效果如图 13-17 所示。

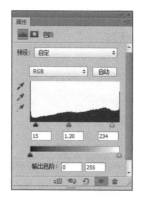

图 13-16　　　　　　　　　　图 13-17

单击"图层"控制面板下方的"创建新的填充或调整图层"按钮 ，在打开的菜单中选择"色相 / 饱和度"命令，在"图层"控制面板中生成"色相 / 饱和度 1"图层，在弹出的"色相 / 饱和度"控制面板中进行设置，如图 13-18 所示，效果如图 13-19 所示。

图 13-18　　　　　　　　　　图 13-19

单击"图层"控制面板下方的"创建新的填充或调整图层"按钮 ，在打开的菜单中选择"照片滤镜"命令，在"图层"控制面板中生成"照片滤镜 1"图层，在弹出的"照片滤镜"控制面板中进行设置，如图 13-20 所示，效果如图 13-21 所示。

图 13-20 图 13-21

完成图像的编辑后，单击"动作"控制画板下方的"停止播放 / 记录"按钮■，如图 13-22 所示，完成"调色"的记录，此时的"动作"控制面板如图 13-23 所示。

图 13-22 图 13-23

图像的编辑过程被记录在"调色"中，"调色"中的编辑过程可以应用到其他的图像中。打开一幅图像，效果如图 13-24 所示。在"动作"控制面板中选择"动作演示"组中的"调色"，如图 13-25 所示，单击"播放选定的动作"按钮▶，图像编辑的过程和效果就是记录的编辑图像时的过程和效果，如图 13-26 所示。

图 13-24 图 13-25 图 13-26

13.2 滤镜菜单及应用

Photoshop CS6 的"滤镜"菜单中包含多种滤镜，使用这些滤镜，可以制作出奇妙的图像效果。单击"滤镜"菜单，打开图 13-27 所示的菜单。

Photoshop CS6 的"滤镜"菜单被分为 6 部分，并用横线划分开。

第 1 部分为最近一次使用的滤镜，没有使用滤镜时，此命令为灰色，不可选择。使用任意一种滤镜后，当需要重复使用此滤镜时，只要直接选择此命令或按 Ctrl+F 组合键即可。

第 2 部分为转换为智能滤镜，应用智能滤镜可随时对效果进行修改。

第 3 部分为 5 种 Photoshop CS6 滤镜和"滤镜库"，每个命令的功能都十分强大。

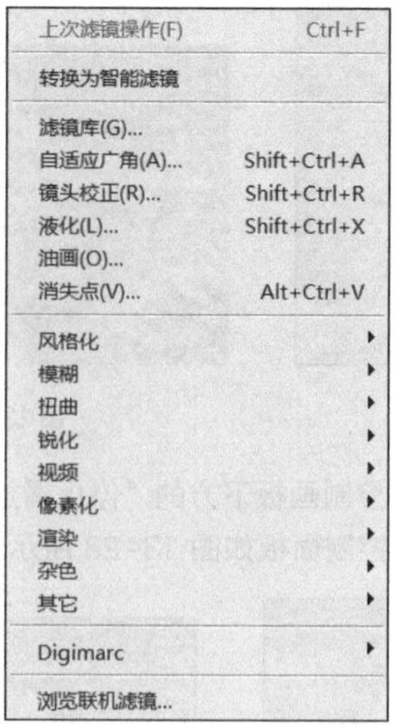

上次滤镜操作(F)	Ctrl+F
转换为智能滤镜	
滤镜库(G)...	
自适应广角(A)...	Shift+Ctrl+A
镜头校正(R)...	Shift+Ctrl+R
液化(L)...	Shift+Ctrl+X
油画(O)...	
消失点(V)...	Alt+Ctrl+V
风格化	▶
模糊	▶
扭曲	▶
锐化	▶
视频	▶
像素化	▶
渲染	▶
杂色	▶
其它	▶
Digimarc	▶
浏览联机滤镜...	

图 13-27

第 4 部分为 9 种 Photoshop CS6 滤镜组，每个滤镜组都包含多个滤镜。

第 5 部分为 Digimarc 滤镜。

第 6 部分为浏览联机滤镜。

13.2.1 课堂案例——制作水彩画

+ 案例学习目标

学习使用滤镜库命令制作水彩画。

+ 案例知识要点

使用干画笔滤镜为图片添加特殊效果，使用喷溅滤镜晕染图像，使用图层蒙版和画笔工具制作局部遮罩，水彩画效果如图 13-28 所示。

+ 效果所在位置

资源包 > Ch13 > 效果 > 制作水彩画 .psd。

图 13-28

制作水彩画

STEP 01 按 Ctrl+O 组合键，打开资源包中的"Ch13 > 素材 > 制作水彩画 > 01"文件，如图 13-29 所示。将"背景"图层拖曳到控制面板下方的"创建新图层"按钮 上进行复制，生成新的"背景 副本"图层，如图 13-30 所示。

STEP 02 选择"滤镜 > 滤镜库"命令，在弹出的对话框中进行设置，如图 13-31 所示。单击"确定"按钮，效果如图 13-32 所示。

图 13-29　　　　　　　　　　　　　　　　图 13-30

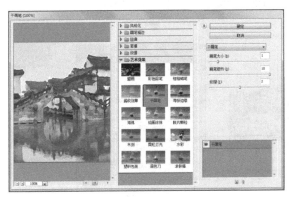

图 13-31　　　　　　　　　　　　　　　　图 13-32

STEP 3 选择"滤镜 > 模糊 > 特殊模糊"命令，在弹出的对话框中进行设置，如图 13-33 所示。单击"确定"按钮，效果如图 13-34 所示。

图 13-33　　　　　　　　　　　　　　　　图 13-34

STEP 4 选择"滤镜 > 滤镜库"命令，在弹出的对话框中进行设置，如图 13-35 所示。单击"确定"按钮，效果如图 13-36 所示。

STEP 5 按 Ctrl+J 组合键，复制"背景 副本"图层，生成新的图层命名为"效果"。选择"滤镜 > 风格化 > 查找边缘"命令，查找图像边缘，图像效果如图 13-37 所示，此时的"图层"控制面板如图 13-38 所示。

STEP 6 在"图层"控制面板上方，将该图层的混合模式设为"正片叠底"，将"不透明度"设为 50%，如图 13-39 所示。按 Enter 键确认操作，图像效果如图 13-40 所示。

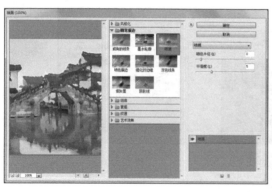

图 13-35

图 13-36

图 13-37

图 13-38

图 13-39

图 13-40

STEP 按住 Ctrl 键，选中"效果"图层和"背景 副本"图层。按 Ctrl+E 组合键合并图层，将新图层命名为"画"。选择"滤镜 > 滤镜库"命令，在弹出的对话框中进行设置，如图 13-41 所示。单击"确定"按钮，效果如图 13-42 所示。

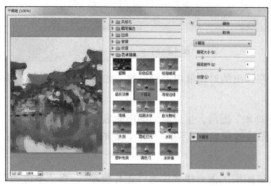

图 13-41

图 13-42

STEP **8** 单击"图层"控制面板下方的"创建新的填充或调整图层"按钮 ，在打开的菜单中选择"曲线"命令，在"图层"控制面板中生成"曲线 1"图层，在弹出的"曲线"控制面板中进行设置，如图 13-43 所示。按 Enter 键确认操作，图像效果如图 13-44 所示。

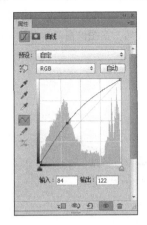

图 13-43　　　　　　　　　　　　　　图 13-44

STEP **9** 单击"图层"控制面板下方的"创建新的填充或调整图层"按钮 ，在打开的菜单中选择"色彩平衡"命令，在"图层"控制面板中生成"色彩平衡 1"图层，在弹出的"色彩平衡"控制面板中进行设置，如图 13-45 所示。按 Enter 键确认操作，图像效果如图 13-46 所示。

图 13-45　　　　　　　　　　　　　　图 13-46

STEP **10** 选择"文件 > 置入"命令，弹出"置入"对话框，选择资源包中的"Ch13 > 素材 > 制作水彩画 > 02"文件，单击"置入"按钮，将图片置入图像窗口中，并拖曳图片到适当的位置，按 Enter 键确认操作，效果如图 13-47 所示。将"图层"控制面板中新生成的图层命名为"纹理"，如图 13-48 所示。

图 13-47　　　　　　　　　　　　　　图 13-48

STEP **11** 单击"图层"控制面板下方的"添加图层蒙版"按钮 为图层添加蒙版，如图 13-49 所示。将前景色设为黑色。选择"画笔工具" ，在属性栏中单击画笔选项右侧的下拉按钮，弹出"画笔预设"选取器，单击面板右上方的设置按钮，在打开的菜单中选择"载入画笔"命令，弹出对话框，选择资源包中的"Ch13 > 素材 > 制作水彩画 > 03"文件，单击"确定"按钮。选择载入的画笔形状，如图 13-50 所示。在属性栏中将"不透明度"设为 80%，在图像窗口中擦除不需要的图像，效果如图 13-51 所示。

图 13-49

图 13-50

图 13-51

STEP **12** 选择"横排文字工具" T ，在适当的位置输入文字并选中文字，在属性栏中选择合适的字体并设置大小，效果如图 13-52 所示，在"图层"控制面板中生成了新的文字图层。

STEP **13** 选中"07/30 David"文字，按 Ctrl+T 组合键弹出"字符"面板，将"设置行距" (自动) 设为 11.6 点、"设置所选字符的字距调整" 0 设为 25，如图 13-53 所示。按 Enter 键确认操作，效果如图 13-54 所示。

图 13-52

图 13-53

图 13-54

STEP **14** 按 Ctrl+T 组合键，图像周围出现变换框，将鼠标指针放在变换框的控制手柄外侧，鼠标指针变为旋转图标 ，拖曳鼠标指针将图像旋转到适当的角度，按 Enter 键确认操作，效果如图 13-55 所示。水彩画制作完成，效果如图 13-56 所示。

图 13-55

图 13-56

13.2.2 滤镜库的功能

Photoshop CS6 的滤镜库将常用的滤镜组合在了一个面板中，以折叠菜单的方式展示，并为每一个滤镜提供了直观的效果预览，使用起来十分方便。

选择"滤镜 > 滤镜库"命令，弹出"滤镜库"对话框。在此对话框中，左侧为滤镜预览框，可展示滤镜应用后的效果；中部为滤镜列表，每个滤镜组包含多个特色滤镜，单击需要的滤镜组，可以浏览滤镜组中的各个滤镜和其相应的滤镜效果；右侧为滤镜参数设置栏，可设置所用滤镜的各个参数值，如图 13-57 所示。

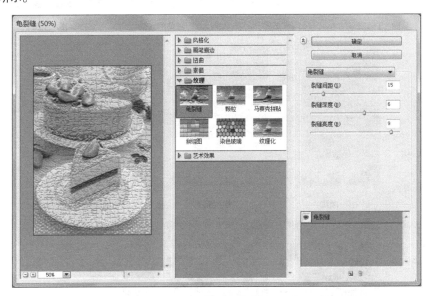

图 13-57

1. 风格化滤镜组

"风格化"滤镜组只包含一个"照亮边缘"滤镜，如图 13-58 所示。此滤镜可以搜索图像主要颜色的变化区域并强化其过渡像素，产生轮廓发光的效果。应用此滤镜前后的图像效果如图 13-59 和图 13-60 所示。

图 13-58   图 13-59   图 13-60

2. 画笔描边滤镜组

"画笔描边"滤镜组包含 8 个滤镜，如图 13-61 所示。此滤镜组中的滤镜对 CMYK 和 Lab 颜色模式的图像都不起作用。应用此滤镜组中不同的滤镜制作出的图像效果如图 13-62 所示。

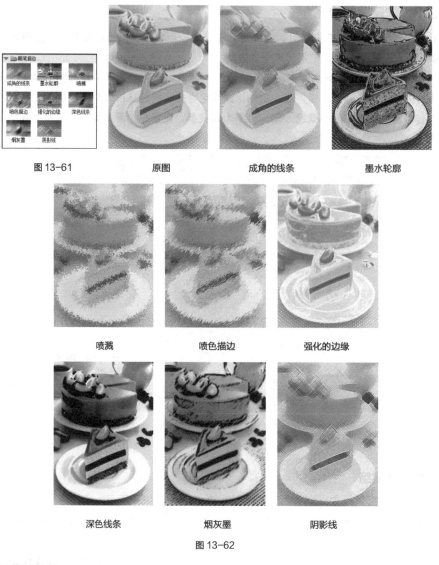

图 13-61　　　　原图　　　　成角的线条　　　　墨水轮廓

喷溅　　　　　喷色描边　　　　强化的边缘

深色线条　　　　烟灰墨　　　　阴影线

图 13-62

3. 扭曲滤镜组

"扭曲"滤镜组包含 3 个滤镜，如图 13-63 所示。这些滤镜可以生成一组从波纹到扭曲图像的变形效果。应用此滤镜组中不同的滤镜制作出的图像效果如图 13-64 所示。

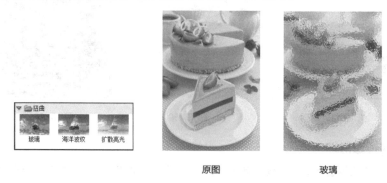

原图　　　　　玻璃

图 13-63　　　　　　　　图 13-64

海洋波纹   扩散亮光

图 13-64（续）

4. 素描滤镜组

"素描"滤镜组包含 14 个滤镜，如图 13-65 所示。这些滤镜只对 RGB 模式或灰度模式的图像起作用，可以制作出多种绘画效果。应用此滤镜组中不同的滤镜制作出的图像效果如图 13-66 所示。

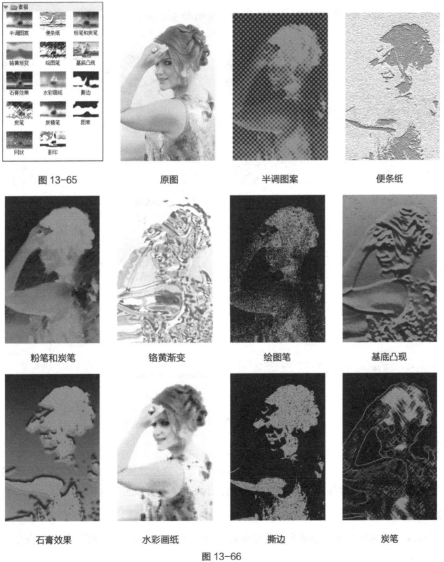

图 13-65   原图   半调图案   便条纸

粉笔和炭笔   铬黄渐变   绘图笔   基底凸现

石膏效果   水彩画纸   撕边   炭笔

图 13-66

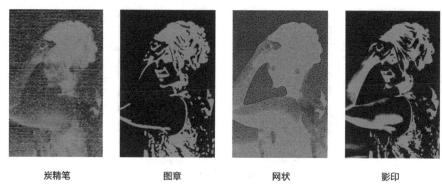

| 炭精笔 | 图章 | 网状 | 影印 |

图 13-66（续）

5. 纹理滤镜

"纹理"滤镜组包含 6 个滤镜，如图 13-67 所示。这些滤镜可以使图像中各颜色之间产生过渡变形的效果。应用此滤镜组中不同的滤镜制作出的图像效果如图 13-68 所示。

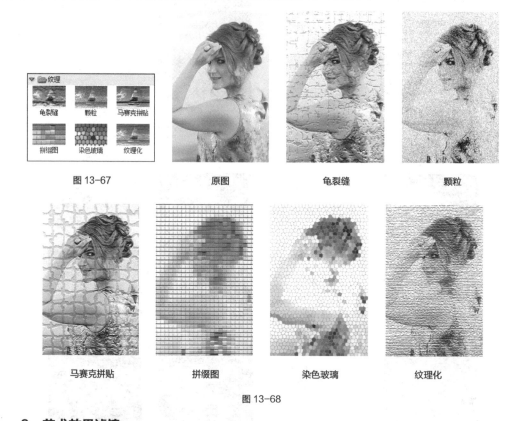

图 13-67　　　原图　　　龟裂缝　　　颗粒

马赛克拼贴　　　拼缀图　　　染色玻璃　　　纹理化

图 13-68

6. 艺术效果滤镜

"艺术效果"滤镜组包含 15 个滤镜，如图 13-69 所示。这些滤镜在 RGB 颜色模式和多通道颜色模式的图像中才可用。应用此滤镜组中不同的滤镜制作出的图像效果如图 13-70 所示。

7. 滤镜叠加

在"滤镜库"对话框中可以创建多个效果图层，每个图层可以应用不同的滤镜，从而使图像产生多个滤镜叠加的效果。

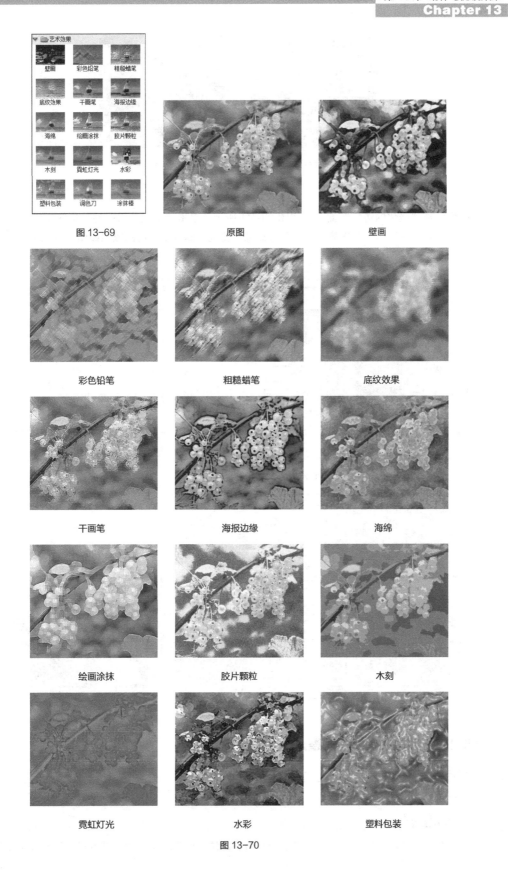

图 13-69

原图

壁画

彩色铅笔

粗糙蜡笔

底纹效果

干画笔

海报边缘

海绵

绘画涂抹

胶片颗粒

木刻

霓虹灯光

水彩

塑料包装

图 13-70

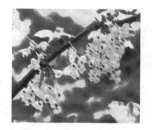

调色刀 涂抹棒

图 13-70（续）

为图像添加"强化的边缘"滤镜，如图 13-71 所示，单击"新建效果图层"按钮，生成新的效果图层，如图 13-72 所示。为图像添加"海报边缘"滤镜，滤镜叠加后的效果如图 13-73 所示。

图 13-71   图 13-72

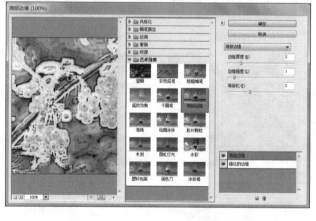

图 13-73

13.2.3 课堂案例——调整人物脸型

案例学习目标

学习使用液化滤镜调整人物脸型。

案例知识要点

使用矩形选框工具绘制选区，使用变形命令调整图像，使用液化滤镜调整脸型，调整人物脸型效果如图 13-74 所示。

➕ 效果所在位置

资源包 > Ch13 > 效果 > 调整人物脸型 .psd。

调整人物脸型

图 13-74

STEP 01 按 Ctrl+O 组合键，打开资源包中的"Ch13 > 素材 > 调整人物脸型 > 01"文件，如图 13-75 所示。将"背景"图层拖曳到控制面板下方的"创建新图层"按钮 🔳 上进行复制，生成新的副本图层，如图 13-76 所示。

图 13-75　　　　　　　　　　　图 13-76

STEP 02 选择"滤镜 > 液化"命令，弹出"液化"对话框，选择"褶皱工具" 🔅，将"画笔大小"设为 200，然后在预览窗口中拖曳鼠标指针调整鼻子和嘴的大小，如图 13-77 所示。

STEP 03 选择"膨胀工具" 🔅，将"画笔大小"设为 200，在预览窗口中拖曳鼠标指针调整眼睛大小，如图 13-78 所示。

图 13-77　　　　　　　　　　　图 13-78

STEP 04 选择"向前变形工具" 🔅，将"画笔大小"设为 200、"画笔压力"设为 50，在预览窗口中拖曳鼠标指针调整人物脸部，如图 13-79 所示。单击"确定"按钮，效果如图 13-80 所示。

人物脸型调整完成。

图 13-79　　　　　　　　　　　　　　图 13-80

13.2.4　自适应广角

"自适应广角"滤镜是 Photoshop CS6 增加的一项新功能，用户可以利用它对具有对广角、超广角及鱼眼效果的图片进行校正。

打开图 13-81 所示的图像，选择"滤镜 > 自适应广角"命令，弹出图 13-82 所示的对话框。

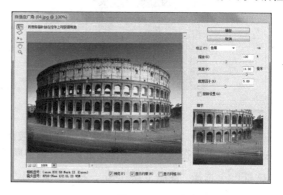

图 13-81　　　　　　　　　　　　　图 13-82

在对话框左侧的图像中需要调整的位置拖曳一条直线，如图 13-83 所示，再将直线中间的节点向下拖曳到适当的位置，图片自动调整为水平，如图 13-84 所示。单击"确定"按钮，照片调整后的效果如图 13-85 所示。

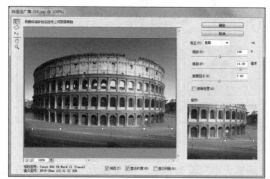

图 13-83　　　　　　　　　　　　　图 13-84

用相同的方法也可以调整建筑的上边缘，效果如图 13-86 所示。

图 13-85　　　　　　　　　　　　　图 13-86

13.2.5　镜头校正

"镜头校正"滤镜可以修复常见的镜头瑕疵，如桶形失真、枕形失真、晕影和色差等，也可以旋转图像，或修复由于相机在垂直或水平方向上倾斜而导致的图像透视错视现象。打开图 13-87 所示的图像，选择"滤镜 > 镜头校正"命令，弹出图 13-88 所示的对话框。

图 13-87　　　　　　　　　　　　　图 13-88

切换到"自定"选项卡进行设置，如图 13-89 所示，单击"确定"按钮，效果如图 13-90 所示。

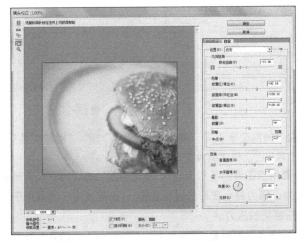 

图 13-89　　　　　　　　　　　　　图 13-90

13.2.6 液化滤镜

"液化"滤镜可以制作出各种类似液化的图像变形效果。

打开一幅图像，如图 13-91 所示。选择"滤镜 > 液化"命令，或按 Shift+Ctrl+X 键，弹出"液化"对话框，勾选对话框右侧的"高级模式"复选框，如图 13-92 所示。

图 13-91   图 13-92

在对话框中对图像进行变形，如图 13-93 所示。单击"确定"按钮，完成图像的液化变形，效果如图 13-94 所示。

图 13-93   图 13-94

对话框左侧的工具栏由上到下分别为"向前变形工具" 、"重建工具" 、"褶皱工具" 、"膨胀工具" 、"左推工具" 、"抓手工具" 和"缩放工具" 。

工具选项："画笔大小"选项用于设置所选工具的笔触大小；"画笔密度"选项用于设置画笔的浓重度；"画笔压力"选项用于设置画笔的压力，压力越小变形的过程越慢；"画笔速率"选项用于设置画笔的绘制速度；"光笔压力"选项用于设置压感笔的压力。

重建选项："重建"按钮用于对变形的图像进行重置；"恢复全部"按钮用于将图像恢复到打开时的状态。

蒙版选项：用于选择通道蒙版的形式。单击"无"按钮，可以不制作蒙版；单击"全部蒙住"按钮，可以为全部的区域制作蒙版；单击"全部反相"按钮，可以解冻蒙版区域并冻结剩余的区域。

视图选项：勾选"显示图像"复选框可以显示图像；勾选"显示网格"复选框可以显示网格，"网格大小"选项用于设置网格的大小，"网格颜色"选项用于设置网格的颜色；勾选"显示蒙版"复选框可以显示蒙版，"蒙版颜色"选项用于设置蒙版的颜色；勾选"显示背景"复选框，在"使用"下拉列表中可以选择"所有图层"，在"模式"下拉列表中可以选择不同的模式，在"不透明度"选项中可以设置不透明度。

13.2.7　油画滤镜

"油画"滤镜可以将照片或图片制作成油画效果。

打开图 13-95 所示的图像，选择"滤镜 > 油画"命令，弹出图 13-96 所示的对话框。

图 13-95　　　　　　　　　　　　　　　　　图 13-96

"画笔"选项组可以设置画笔的样式化、清洁度、缩放和硬毛刷细节，"光照"选项组可以设置光源的方向和亮光情况。具体的设置如图 13-97 所示，单击"确定"按钮，效果如图 13-98 所示。

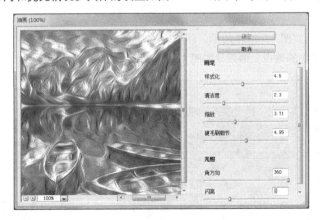

图 13-97　　　　　　　　　　　　　　　　　图 13-98

13.2.8　消失点滤镜

"消失点"滤镜可以制作建筑物或任何矩形对象的透视效果。

选中图像中的建筑物生成选区，如图 13-99 所示，再按 Ctrl+C 组合键复制选区中的图像，然后取消选择选区。选择"滤镜 > 消失点"命令，弹出"消失点"对话框，在对话框左侧单击"创建平面工具"

按钮 ，在图像中单击定义 4 个角的节点，如图 13-100 所示，节点会自动连接成为透视平面，如图 13-101 所示。

图 13-99　　　　　　　　　　图 13-100　　　　　　　　　　　　图 13-101

　　按 Ctrl+V 组合键将复制的图像粘贴到对话框中，如图 13-102 所示。将粘贴的图像拖曳到透视平面中，如图 13-103 所示。

图 13-102　　　　　　　　　　　　　　　图 13-103

　　按住 Alt 键向上拖曳并复制建筑物，如图 13-104 所示。用相同的方法，再复制两次建筑物，如图 13-105 所示，单击"确定"按钮，建筑物的透视变形效果如图 13-106 所示。

图 13-104　　　　　　　　　图 13-105　　　　　　　　图 13-106

　　在"消失点"对话框中，透视平面显示为蓝色时为有效的平面；显示为红色时为无效的平面，即无法计算平面的长宽比，也无法拉出垂直平面；显示为黄色时为无效的平面，即无法解析平面的所有消失点，如图 13-107 所示。

蓝色透视平面

红色透视平面

黄色透视平面

图 13-107

13.2.9　课堂案例——制作舞蹈宣传单

⊕ 案例学习目标

学习使用滤镜菜单下的命令制作舞蹈宣传单。

⊕ 案例知识要点

使用分层云彩滤镜、浮雕效果滤镜和高斯模糊滤镜制作褶皱效果，使用滤镜库制作图片纹理效果，舞蹈宣传单效果如图 13-108 所示。

⊕ 效果所在位置

资源包 > Ch13 > 效果 > 制作舞蹈宣传单 .psd。

图 13-108

制作舞蹈宣传单

STEP ✍1 按 Ctrl+N 组合键，弹出"新建"对话框，将"宽度"设为 15 厘米、"高度"设为 22.5 厘米、"分辨率"设为 300 像素 / 英寸、"颜色模式"设为 RGB、"背景内容"设为白色，单击"确定"按钮新建一个文件。

STEP ✍2 按 D 键，恢复默认的前景色和背景色。选择"滤镜 > 渲染 > 分层云彩"命令，效果如图 13-109 所示。按 Ctrl+F 组合键重复上一步操作，效果如图 13-110 所示。

图 13-109

图 13-110

STEP 图3 选择"滤镜 > 风格化 > 浮雕效果"命令,在弹出的对话框中进行设置,如图 13-111
所示。单击"确定"按钮,效果如图 13-112 所示。

图 13-111   图 13-112

STEP 图4 选择"滤镜 > 模糊 > 高斯模糊"命令,在弹出的对话框中进行设置,如图 13-113
所示。单击"确定"按钮,效果如图 13-114 所示。

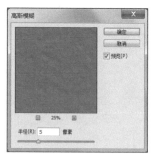

图 13-113   图 13-114

STEP 图5 按 Ctrl+O 组合键,打开资源包中的"Ch13 > 素材 > 制作舞蹈宣传单 > 01"文件。
选择"移动工具" ,将 01 图像拖曳到图像窗口中适当的位置,效果如图 13-115 所示,将"图层"
控制面板中新生成图层命名为"人物图片"。

STEP 图6 在"图层"控制面板上方,将"人物图片"图层的混合模式设为"叠加",如图 13-116
所示,效果如图 13-117 所示。

图 13-115   图 13-116   图 13-117

STEP 图7 选择"滤镜 > 滤镜库"命令,在弹出的对话框中进行设置,如图 13-118 所示。单
击"确定"按钮,效果如图 13-119 所示。

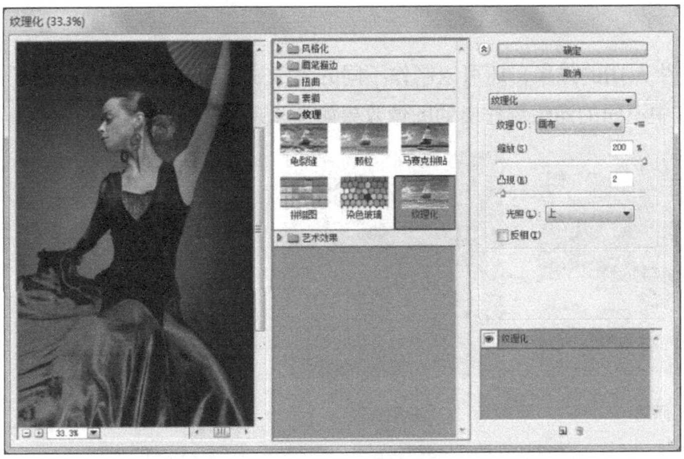

图 13-118

图 13-119

STEP 8 单击“图层”控制面板下方的“创建新的填充或调整图层”按钮，在打开的菜单中选择“色彩平衡”命令，在“图层”控制面板中生成了“色彩平衡 1”图层，在同时弹出的“色彩平衡”控制面板中进行设置，如图 13-120 所示。按 Enter 键确认操作，效果如图 13-121 所示。

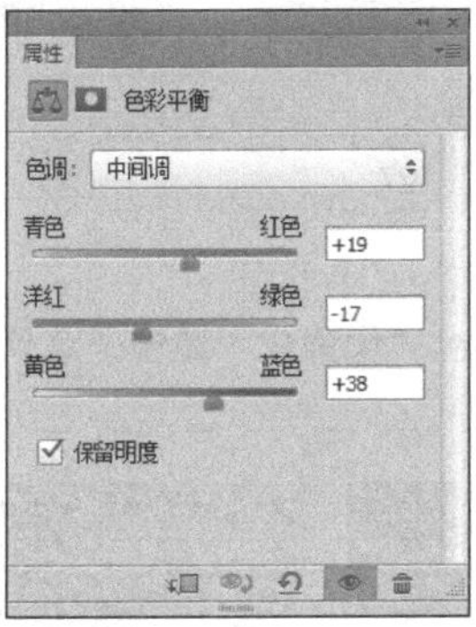

图 13-120

图 13-121

STEP 9 按 Ctrl+O 组合键，打开资源包中的“Ch13 > 素材 > 制作舞蹈宣传单 > 02”文件。选择“移动工具”，将 02 图像拖曳到图像窗口中适当的位置，效果如图 13-122 所示。将“图层”控制面板中新生成图层命名为“舞”。

STEP 10 在“图层”控制面板上方，将“舞”图层的混合模式设为“柔光”，如图 13-123 所示，效果如图 13-124 所示。舞蹈宣传单制作完成，效果如图 13-125 所示。

图 13-122

图 13-123

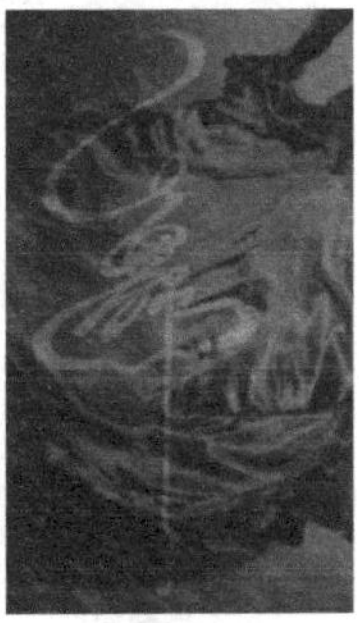

图 13-124

图 13-125

13.2.10 渲染滤镜

"渲染"滤镜可以使图片产生照明的效果，还可以制作不同的光源效果和夜景效果。"渲染"滤镜子菜单如图 13-126 所示，应用其中不同的滤镜制作出的图像效果如图 13-127 所示。

图 13-126　　　原图　　　分层云彩　　　光照效果

镜头光晕　　　纤维　　　云彩

图 13-127

13.2.11 像素化滤镜

"像素化"滤镜可以将图像分块或将图像平面化。"像素化"滤镜子菜单如图 13-128 所示，应用其中不同的滤镜制作出的图像效果如图 13-129 所示。

图 13-128　　　原图　　　彩块化　　　彩色半调　　　点状化

晶格化　　　马赛克　　　碎片　　　铜板雕刻

图 13-129

13.2.12　风格化滤镜

"风格化"滤镜可以制作印象派以及其他风格画派作品的效果，是完全模拟真实艺术手法进行制作的。"风格化"滤镜子菜单如图 13-130 所示，应用其中不同的滤镜制作出的图像效果如图 13-131 所示。

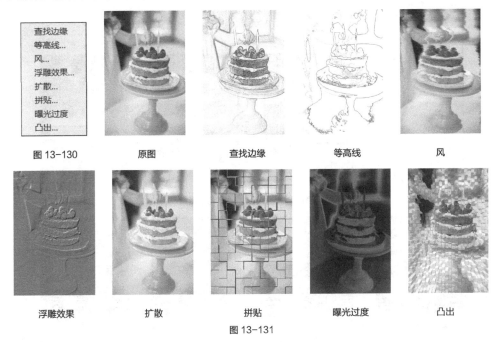

图 13-130　　　　原图　　　　查找边缘　　　　等高线　　　　风

浮雕效果　　　　扩散　　　　拼贴　　　　曝光过度　　　　凸出

图 13-131

13.2.13　杂色滤镜

"杂色"滤镜可以混合干扰，制作出着色像素图案的纹理。"杂色"滤镜子菜单如图 13-132 所示，应用其中不同的滤镜制作出的图像效果如图 13-133 所示。

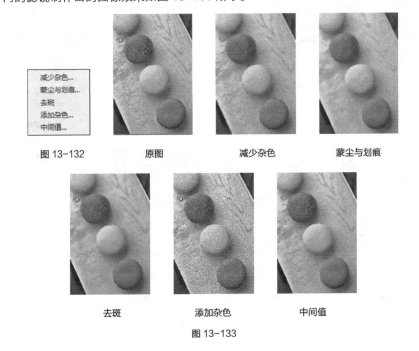

图 13-132　　　　原图　　　　减少杂色　　　　蒙尘与划痕

去斑　　　　添加杂色　　　　中间值

图 13-133

13.2.14　模糊滤镜

"模糊"滤镜可以使图像中过于清晰其中或对比度强烈的区域产生模糊效果，也可用于制作柔和效果和阴影。"模糊"滤镜子菜单如图 13-134 所示，应用其中不同的滤镜制作出的图像效果如图 13-135 所示。

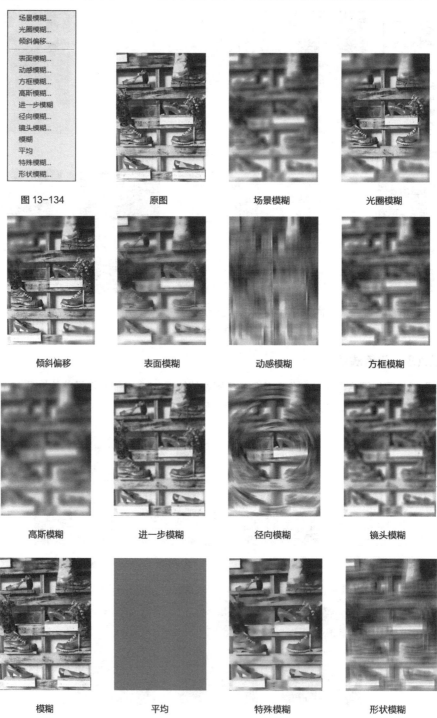

图 13-134

原图	场景模糊	光圈模糊
倾斜偏移	表面模糊	动感模糊	方框模糊
高斯模糊	进一步模糊	径向模糊	镜头模糊
模糊	平均	特殊模糊	形状模糊

图 13-135

13.2.15　课堂案例——制作震撼的视觉照片

⊕　**案例学习目标**

学习使用极坐标滤镜制作震撼的视觉效果。

⊕　**案例知识要点**

使用极坐标滤镜扭曲图像，使用裁剪工具裁剪图像，使用图层蒙版和画笔工具修饰照片，震撼的视觉照片效果如图 13-136 所示。

⊕　**效果所在位置**

资源包 > Ch13 > 效果 > 制作震撼的视觉照片 .psd。

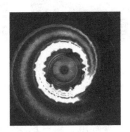

图 13-136

制作震撼的视觉照片

STEP 🔲 1 按 Ctrl+O 组合键，打开资源包中的 "Ch13 > 素材 > 制作震撼的视觉照片 > 01" 文件，如图 13-137 所示。将 "背景" 图层拖曳到 "图层" 控制面板下方的 "创建新图层" 按钮 🔳 上进行复制，将新生成的图层命名为 "旋转"，如图 13-138 所示。

图 13-137

图 13-138

STEP 🔲 2 选择 "裁剪工具" 🔲，属性栏中的设置如图 13-139 所示，在图像窗口中适当的位置拖曳一个裁切区域，如图 13-140 所示。按 Enter 键确认操作，效果如图 13-141 所示。

| 🔲 ▾ | 1 x 1 (方形) ÷ | 1 | x | 1 | ↻ | 🖼 拉直 | 视图: | 三等分 ÷ | ⚙ | ☑ 删除裁剪的像素 |

图 13-139

图 13-140

图 13-141

STEP 13 选择"滤镜 > 扭曲 > 极坐标"命令，在弹出的对话框中进行设置，如图 13-142 所示，单击"确定"按钮，效果如图 13-143 所示。按 Ctrl+T 组合键，图像周围出现变换框，将鼠标指针放在变换框的控制手柄上，向外拖曳手柄调整图像大小，按 Enter 键确认操作，效果如图 13-144 所示。

图 13-142　　　　　　　　　图 13-143　　　　　　　　　图 13-144

STEP 14 将"旋转"图层拖曳到"图层"控制面板下方的"创建新图层"按钮上进行复制，生成新的"旋转 副本"图层，如图 13-145 所示。

STEP 15 按 Ctrl+T 组合键，图像周围出现变换框，将鼠标指针放在变换框的控制手柄外侧，鼠标指针变为旋转图标，拖曳鼠标指针将图像旋转到适当的角度，按 Enter 键确认操作，效果如图 13-146 所示。

图 13-145　　　　　　　　　图 13-146

STEP 16 单击"图层"控制面板下方的"添加图层蒙版"按钮为图层添加蒙版，如图 13-147 所示。将前景色设为黑色。选择"画笔工具"，在属性栏中单击"画笔"选项右侧的下拉按钮，选择需要的画笔形状并进行设置，如图 13-148 所示。在属性栏中将"不透明度"设为 80%，在图像窗口中擦除不需要的图像，效果如图 13-149 所示。

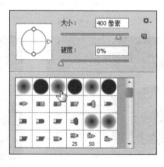

图 13-147　　　　　　　　　图 13-148　　　　　　　　　图 13-149

STEP 17 按住 Ctrl 键，选中"旋转 副本"图层和"旋转"图层。按 Ctrl+E 组合键合并图层，将新图层命名为"底图"。按 Ctrl+J 组合键复制"底图"图层，生成新的图层"底图 副本"，如图 13-150 所示。

STEP 18 选择"滤镜 > 扭曲 > 波浪"命令，在弹出的对话框中进行设置，如图 13-151 所示，单击"确定"按钮，效果如图 13-152 所示。在"图层"控制面板上方，将副本图层的混合模式设为"颜色减淡"，如图 13-153 所示，图像效果如图 13-154 所示。

图 13-150　　　　　　　　　　　　　　　图 13-151

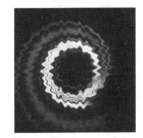

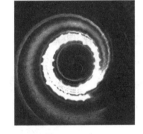

图 13-152　　　　　　　图 13-153　　　　　　　图 13-154

STEP 19 按 Ctrl+O 组合键，打开资源包中的"Ch13 > 素材 > 制作震撼的视觉照片 > 02"文件。选择"移动工具" ，将 02 图像拖曳到 01 图像窗口中的适当位置，如图 13-155 所示，将"图层"控制面板中新生成的图层命名为"镜头"。将该图层拖曳到"底图"图层的上方，如图 13-156 所示，图像效果如图 13-157 所示。震撼的视觉照片制作完成。

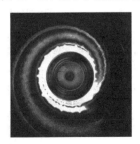

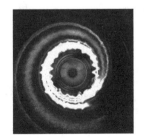

图 13-155　　　　　　　图 13-156　　　　　　　图 13-157

13.2.16　扭曲滤镜

"扭曲"滤镜可以制作一组从波纹到扭曲图像的变形效果。"扭曲"滤镜子菜单如图 13-158 所示，应用其中不同的滤镜制作出的图像效果如图 13-159 所示。

图 13-158　　　　原图　　　　　　　波浪　　　　　　　波纹　　　　　　极坐标　　　　　　挤压

切变　　　　　　球面化　　　　　　水波　　　　　旋转扭曲　　　　　　置换

图 13-159

13.2.17　锐化滤镜

"锐化"滤镜可以通过增加对比度使图像清晰化和增强图像的轮廓。使用此组滤镜可减少图像修改后产生的模糊效果。"锐化"滤镜子菜单如图 13-160 所示，应用其中不同的滤镜制作的图像效果如图 13-161 所示。

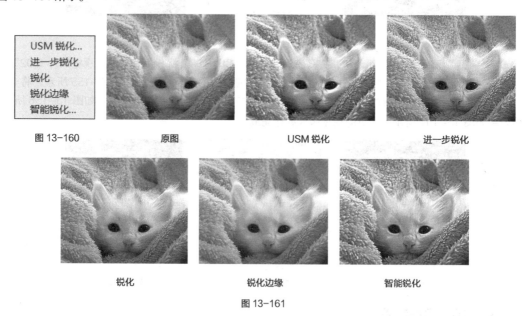

图 13-160　　　　原图　　　　　　　USM 锐化　　　　　　进一步锐化

锐化　　　　　　锐化边缘　　　　　智能锐化

图 13-161

13.2.18　智能滤镜

一般的滤镜在应用后就不能改变其中的数值，而智能滤镜是针对智能对象使用的、可调节滤镜效果的一种应用模式。

　　添加智能滤镜：在"图层"控制面板中选中要应用滤镜的图层，如图 13-162 所示。选择"滤镜 >
转换为智能滤镜"命令，将普通滤镜转换为智能滤镜，此时，弹出提示对话框提示选中的图层将转换为
智能对象，单击"确定"按钮，"图层"控制面板中的效果如图 13-163 所示。选择"滤镜 > 模糊 > 动感
模糊"命令，为图像添加模糊效果，"图层"控制面板中此图层的下方将显示出滤镜名称，如图 13-164 所示。

图 13-162　　　　　　　　　　图 13-163

　　编辑智能滤镜：用户可以随时调整智能滤镜中各选项的参数来改变图像的效果。双击"图层"控制
面板中要修改参数的滤镜名称，弹出相应的对话框，在对话框中重新设置参数即可。单击滤镜名称右侧
的"双击以编辑滤镜混合选项"图标 ⬛，弹出"混合选项"对话框，在对话框中可以设置滤镜效果的模
式和不透明度，如图 13-165 所示。

图 13-164　　　　　　　　　　图 13-165

13.2.19　其他滤镜

　　"其他"滤镜组不同于一般的滤镜组，在此滤镜组中，用户可以创建自己的特殊效果滤镜。"其他"
滤镜子菜单如图 13-166 所示，应用其中不同的滤镜制作出的图像效果如图 13-167 所示。

图 13-166　　　　　原图　　　　　　　高反差保留　　　　　　位移

图 13-167

自定

最大值

最小值

图 13-167（续）

13.2.20　Digimarc 滤镜

"Digimarc"滤镜可将数字水印嵌入图像中以存储版权信息。"Digimarc"滤镜子菜
单如图 13-168 所示。

读取水印...
嵌入水印...

图 13-168

13.3 滤镜使用技巧

重复使用滤镜、对图像局部使用滤镜可以使图像产生更加丰富、生动的变化效果。

13.3.1　重复使用滤镜

如果在使用一次滤镜后图像效果仍然不理想，可以按 Ctrl+F 组合键重复使用滤镜。重复使用"查
找边缘"滤镜的不同图像效果如图 13-169 所示。

图 13-169

13.3.2　对图像局部使用滤镜

对图像局部使用滤镜是常用的图像处理方法。在要使用滤镜的图像上绘制选区，如图 13-170 所
示，然后对选区中的图像使用"旋转扭曲"滤镜，效果如图 13-171 所示。如果对选区进行羽化后再使
用滤镜，就可以得到选区图像与原图融为一体的效果。在"羽化选区"对话框中设置羽化的数值，如
图 13-172 所示，对选区进行羽化后再使用滤镜得到的图像效果如图 13-173 所示。

图 13-170　　　　　图 13-171　　　　　　　　图 13-172　　　　　　　　图 13-173

13.3.3　对通道使用滤镜

分别对图像的各个通道使用滤镜，其效果和直接对图像使用滤镜的效果是一样的。对图像的个别通道使用滤镜，可以得到一种非常特别的效果。原始图像效果如图 13-174 所示，对图像的红、蓝通道使用"径向模糊"滤镜后得到的效果如图 13-175 所示。

图 13-174　　　　　图 13-175

13.3.4　对滤镜效果进行调整

对图像使用"扭曲 > 波纹"滤镜后，效果如图 13-176 所示。按 Ctrl+Shift+F 组合键，弹出图 13-177 所示的"渐隐"对话框，调整"不透明度"选项的数值，并在"模式"选项中选择相应的模式，使滤镜效果产生变化，单击"确定"按钮，图像效果如图 13-178 所示。

图 13-176　　　　　　　图 13-177　　　　　　　图 13-178

13.4　课堂练习——批处理生活照片

练习知识要点

使用动作控制面板和批处理命令调整生活照片，批处理生活照片效果如图 13-179 所示。

效果所在位置

资源包 > Ch13 > 效果 > 批处理生活照片 .psd。

图 13-179

批处理生活照片

13.5 课后习题——制作城市油画效果

➕ 习题知识要点

使用油画滤镜制作油画效果，使用色阶命令调整图像，城市油画效果如图13-180所示。

➕ 效果所在位置

资源包 > Ch13 > 效果 > 制作城市油画效果 .psd。

图 13-180

制作城市油画效果

Chapter

14

第14章
综合案例

本章将通过 4 个精彩案例进一步讲解 Photoshop CS6中各大功能的使用技巧，让读者能够快速地掌握软件功能和知识要点，制作出效果精美的设计作品。

课堂学习目标

- 掌握Photoshop CS6的基础知识
- 了解Photoshop CS6的常用设计领域
- 掌握Photoshop CS6在不同设计领域的使用方法

14.1 制作女装网店首页 Banner

14.1.1 案例分析

网店的首页 Banner 相当于实体店铺中的橱窗展示，主要用于品牌宣传、新品上架、单品推广或者商品促销。Banner 位于网店首页导航栏的下方，占用面积较大，视觉冲击力强，既能够激发买家的购物欲望，又能够起到宣传推广的作用。

在设计制作上，以各类植物作为背景，能营造出初春清爽、充满生机的氛围，与展示的产品相呼应，在衬托画面的同时更加体现出店铺新品主打的风格，洋溢着春日的梦幻与唯美；最后将图片、文字、色彩进行完美结合，向顾客展示出宣传主题与特色。

本案例使用移动工具、图层蒙版和画笔工具制作底图，使用色相 / 饱和度调整层调整人物照片，使用横排文字工具添加宣传文字，使用自定形状工具和钢笔工具绘制装饰图形，女装网店首页 Banner 的效果如图 14-1 所示。

14.1.2 案例设计

资源包 > Ch14 > 效果 > 制作女装网店首页 Banner.psd。

制作女装网店
首页 Banner

图 14-1

14.2 制作旅游出行推广海报

14.2.1 案例分析

红太阳旅行社是一家经营各类旅行活动的旅游公司，提供车辆出租、带团旅行等服务。旅行社要为暑期旅游制作宣传单，需根据公司的经营内容及景区风景制作宣传海报，设计要求清新自然、主题突出。

在设计制作上，背景真实的美景营造出休闲舒适的氛围，动车图像在添加画面动感的同时，体现出旅行的特点；色彩搭配自然、大气，白色和黄色的文字醒目、突出，让人一目了然，辨识度强；整体设计清新、自然，能达到吸引游客的目的。

本案例使用填充命令和调整图层调整图像色调，使用图层蒙版和画笔工具调整图像显示效果，使用横排文字工具添加文字信息，使用椭圆工具和矩形工具添加装饰图形，旅游出行推广海报效果如图 14-2 所示。

14.2.2 案例设计

资源包 > Ch14 > 效果 > 制作旅游出行推广海报 .psd。

制作旅游出行
推广海报

图 14-2

14.3 制作数码产品网页

14.3.1 案例分析

凌酷数码产品有限公司是一家新成立的公司，主要经营各种数码产品的开发、生产以及销售业务。目前该公司需要制作公司网站，为前期的宣传做准备。该网站主要展示公司研发的手机产品，要求表现出公司的特点，以达到宣传效果。

在设计制作上，浅灰色的网页背景能表现出雅致、现代的视觉效果，大面积使用浅色能带给人清新感；干净、清爽的页面搭配产品和装饰图形，能起到丰富画面的作用；版式设计能够吸引消费者的注意力，突出公司信息及促销产品。

本案例使用渐变工具和橡皮擦工具制作背景效果，使用图层样式、横排文字工具、椭圆工具和动感模糊命令制作导航栏，使用横排文字工具和图层样式制作信息文字，数码产品网页效果如图 14-3 所示。

14.3.2　案例设计

资源包 > Ch14 > 效果 > 制作数码产品网页 .psd。

制作数码产品网页

图 14-3

14.4　制作音乐 App 界面

14.4.1　案例分析

　　音乐 App 是专注于发现与分享音乐的产品，具有海量音乐在线试听、新歌在线首发、歌词翻译、手机铃声下载和高品质无损音乐试听等功能。本案例通过对图片和文字进行合理的设计，体现出音乐能带给人们轻松和自在的感觉。

　　在设计制作上，背景与主题图片要完美结合，在体现歌曲意境的同时突出主题；主题要和装饰图形完美结合，展现出时尚感和潮流感；功能键部分白色的运用醒目突出，能提高操作便捷度；文字的设计要醒目突出，让人一目了然。

　　本案例使用渐变工具添加底图颜色，使用置入命令置入图片，使用图层蒙版和渐变工具制作图片融合效果，使用图层样式为图形添加特殊效果，使用横排文字工具添加文字，使用钢笔工具、椭圆工具和直线工具绘制基本形状，音乐 App 界面效果如图 14-4 所示。

14.4.2　案例设计

资源包 > Ch14 > 效果 > 制作音乐 App 界面 .psd。

图 14-4

制作音乐 App 界面 1

制作音乐 App 界面 2

制作音乐 App 界面 3

14.5 课堂练习 1——制作饮品宣传单

练习知识要点

使用图层的混合模式和不透明度制作背景融合效果，使用横排文字工具、变换命令和图层样式制作宣传语，使用字符控制面板调整文字，使用绘图工具、钢笔工具和组合命令添加装饰图形，饮品宣传单效果如图 14-5 所示。

效果所在位置

资源包 > Ch14 > 效果 > 制作饮品宣传单 .psd。

图 14-5

制作饮品宣传单 1

制作饮品宣传单 2

14.6 课堂练习 2——制作汽车广告

⊕ **练习知识要点**

使用新建参考线命令添加参考线，使用矩形工具、椭圆工具和组合命令制作装饰图形，使用钢笔工具和横排文字工具制作路径文字，使用投影命令为图片添加投影效果，使用自定形状工具绘制基本形状，汽车广告效果如图 14-6 所示。

⊕ **效果所在位置**

资源包 > Ch14 > 效果 > 制作汽车广告 .psd。

制作汽车广告 1

制作汽车广告 2

制作汽车广告 3

图 14-6

14.7 课后习题 1——制作青年读物书籍封面

⊕ **习题知识要点**

使用移动工具添加背景图片和人物图片，使用直排文字工具和横排文字工具添加书名、作者信息和出版信息，使用直线工具和椭圆工具绘制分隔线和文字底图，使用圆角矩形工具和移动工具制作标志，青年读物书籍封面效果如图 14-7 所示。

⊕ **效果所在位置**

资源包 > Ch14 > 效果 > 制作青年读物书籍封面 .psd。

制作青年读物　制作青年读物
书籍封面 1　书籍封面 2

制作青年读物
书籍封面 3

图 14-7

14.8 课后习题 2——制作面包包装

习题知识要点

使用钢笔工具绘制包装外形，使用填充或调整图层调整图像色调，使用混合模式制作包装的阴影效果，使用裁剪工具裁剪图像，使用画笔工具和图层蒙版制作图片的融合效果，使用横排文字工具添加品牌信息，面包包装效果如图 14-8 所示。

效果所在位置

资源包 > Ch14 > 效果 > 制作面包包装 .psd。

制作面包包装

图 14-8

14.9 课后习题 3——制作餐饮行业产品营销 H5 页面

习题知识要点

使用横排文字工具添加文字，使用图层样式添加文字效果，使用圆角矩形工具绘制图形，使用剪贴蒙版调整图片显示区域，餐饮行业产品营销 H5 页面效果如图 14-9 所示。

🔍 **效果所在位置**

资源包 > Ch14 > 效果 > 制作餐饮行业产品营销 H5 页面 .psd。

制作餐饮行业产品
营销 H5 页面

图 14-9